Dia a dia da prevenção

Dia a dia da prevenção

Cosmo Palasio de Moraes Jr.

Copyright © 2013 Difusão Editora e Editora Senac Rio de Janeiro. Todos os direitos reservados. Proibida a reprodução, mesmo que parcial, por quaisquer meio e processo, sem a prévia autorização escrita da Difusão Editora e da Editora Senac Rio de Janeiro.

ISBN: 978-85-7808-147-8
Código: DADPT1E1I1

Editoras: Michelle Fernandes Aranha e Karine Fajardo
Gerente de produção: Genilda Ferreira Murta
Coordenador editorial: Neto Bach
Assistente editorial: Karen Abuin
Revisão: Ederson Gomes Benedicto, Cláudia Amorim e Jacqueline Gutierrez
Capa e projeto gráfico: Roberta Bassanetto
Editoração: Farol Editora e Design

Dados Internacionais de Catalogação na Publicação (CIP)
(Câmara Brasileira do Livro, SP, Brasil)

Moraes Jr., Cosmo Palasio de
  Dia a dia da prevenção / Cosmo Palasio de Moraes Jr. -- 1. ed. -- São Caetano do Sul, SP: Difusão Editora; Rio de Janeiro: Editora Senac Rio de Janeiro, 2013.

Bibliografia.
ISBN 978-85-7808-147-8

1. Acidentes do trabalho 2. Acidentes do trabalho – Prevenção 3. Responsabilidade (Direito) 4. Segurança do trabalho I. Título.

Índices para catálogo sistemático:
1. Segurança e prevenção: Acidentes do trabalho: Problemas sociais 363.117

13-05913   CDD-363.117

Impresso no Brasil em dezembro de 2013

SISTEMA FECOMÉRCIO-RJ
SENAC RIO DE JANEIRO
Presidente do Conselho Regional: Orlando Diniz
Diretor-Geral do Senac Rio de Janeiro: Eduardo Diniz
Conselho Editorial: Eduardo Diniz, Ana Paula Alfredo, Marcelo Loureiro, Wilma Freitas, Manuel Vieira e Karine Fajardo

Editora Senac Rio de Janeiro
Rua Pompeu Loureiro, 45/11º andar – Copacabana
CEP 22061-000 – Rio de Janeiro – RJ
comercial.editora@rj.senac.br | editora@rj.senac.br
www.rj.senac.br/editora

Difusão Editora
Rua José Paolone, 70 – Santa Paula
CEP 09521-370 – São Caetano do Sul – SP
difusao@difusaoeditora.com.br – www.difusaoeditora.com.br
Fone/fax: (11) 4227-9400

Sumário

Prefácio 7

Sobre o autor 9

Agradecimentos 11

Apresentação 13

Introdução 15

Quebrando o gelo 17

Pare e pense! 19

Antigo, jamais ultrapassado 23

Para início de conversa 25

Planejar é preciso 27

Em direção à prevenção 29

A primeira instrução é a que fica 33

O trabalhador não usa EPI 37

Onde vou trabalhar? 41

Dialogar é preciso 45

Gestão é a solução 47

Treinamento para quem? 51

Decisão estratégica 55

A prevenção que emburrece 59

Qual é seu tipo? 63

Filosofia de vida 65

Uma ótima experiência 69

Visão mais ampla 73

Voltando às origens 75

Além das formalidades 77

Tudo, menos segurança 81

Sobre procedimentos 83

Conclusão 87

Prefácio

Uma pessoa especial

Em todas as profissões, existem pessoas competentes, pessoas dedicadas, mas, aquelas especiais, são pessoas raras. Estas despertam a admiração por sua forma de enfrentar a vida. Lembro da vez que conheci o Cosmo, no final do século passado. Ele atuava como técnico de Segurança do Trabalho da Volkswagen, em São Bernardo do Campo. Ligou-me para que eu conhecesse ações que o pessoal do Serviço Especializado em Engenharia de Segurança e Medicina do Trabalho (SESMT) estava fazendo por lá. Após a visita que realizei à fábrica, passei a conhecê-lo melhor. Com o passar do tempo, descobri que o Cosmo era uma das pessoas especiais que atuam na área de Segurança e Saúde no Trabalho (SST). Além de profissional competente, ele é uma pessoa generosa. Sua disponibilidade com os outros é um dos diferenciais. O jeito tranquilo de conversar poucas vezes dá lugar a palavras mais fortes que, quando aparecem, normalmente são para condenar alguma injustiça que eventualmente perceba. O coração dele é enorme.

Cosmo não guarda para si seu conhecimento. Tem o prazer de passar adiante suas experiências. É assim que ele faz no seu grupo da internet. Sem receber qualquer centavo, Cosmo ajuda milhares de profissionais de SST espalhados por aí, respondendo de questões mais complexas àquelas que poderiam irritar qualquer um pela obviedade da resposta. A generosidade dele sempre fala mais alto. É assim nos artigos técnicos que escreve há muitos anos, e não se restringe aos textos prevencionistas. Sua vocação com as palavras o leva a viajar nos caminhos da literatura, sejam crônicas oportuníssimas sejam poesias repletas de emoção.

Em 2006, a revista *Proteção* decidiu ampliar o espaço para colaboradores fixos e o primeiro nome que me veio à mente foi o do Cosmo. Convidado por mim, limitou-se a atender ao meu pedido com apenas uma pergunta: "Quando começo?" Iniciou em agosto daquele ano e não parou mais. Os artigos publicados na revista servem de base para este livro. A equipe da Redação se acostumou a receber mensagens de leitores elogiando a qualidade e a conveniência do que ele escreve. Um dos principais diferenciais dos textos do Cosmo – e isso vocês que não o conhecem vão perceber nas páginas desta obra – é que ele escreve "fácil". Diz o que tem de ser dito com a objetividade de que a gente precisa nos tempos de hoje.

Enfim, este livro é de grande utilidade para quem atua na área prevencionista. Seja para quem está começando e precisa de dicas importantes, seja para quem já tem muita experiência, aqui estão conceitos fundamentais ao trabalho do dia a dia; o que Cosmo, com sua generosidade, compartilha com todos nós.

Alexandre Eggler Gusmão
Jornalista

Sobre o autor

Técnico em Segurança do Trabalho com formação complementar em Higiene e Ergonomia e mais de 25 anos de experiência em gestão de Segurança e Saúde no Trabalho (SST), atuou como coordenador ou técnico em empresas como Volkswagen e Parmalat. Realizou diversas auditorias de SST e inspeções em áreas de trabalho de diferentes organizações, além de palestras em centenas de eventos. Exerce atividades como consultor técnico e de gestão de SST, como coordenador e instrutor de cursos de formação de técnicos de Segurança do Trabalho e de diversos treinamentos relacionados à gestão e à legislação vigente em empresas como Petrobras, Sabesp, Vale, Louis Dreyfuss e Basf.

Atua como *lead-assessor* e auditor de Saúde, Segurança e Qualidade. É fundador e coordenador do Grupo Serviço Especializado em Engenharia de Segurança e Medicina do Trabalho (SESMT) – o maior grupo virtual de estudos de SST do mundo – e diretor estadual do Sindicato dos Técnicos de Segurança do Trabalho do Estado de São Paulo (Sintesp). Também foi membro do Grupo Especial do Trabalho (GET) Gestão de SST NR 36. É colunista e membro do Conselho Editorial da revista *Proteção* e diretor da empresa de consultoria CP Soluções em Prevenção. Recebeu o Prêmio Destaque nos anos de 2007, 2010, 2011 e 2012, pela revista *Cipa*, que também o homenageou, em 2013, com o título Personalidade.

Agradecimentos

A gratidão é um dos melhores sentimentos humanos, e a oportunidade de agradecer é quase uma oração, pois dizemos às pessoas o quanto vemos da criação em cada uma delas.

Primeiro agradeço a Deus tudo que fez e faz pela minha vida e a oportunidade de estar neste mundo fazendo algo em que posso unir razão e sentimento.

Agradeço aos meus familiares – especialmente meu pai Cosmo e minha mãe Marina – o fato de eu enxergar o quanto a vida é importante. Agradeço aos meus filhos Keire, Keyse, Annye e Fernanda, e peço desculpas pelas muitas vezes que deixei de cuidar deles para cuidar de uma causa para que todos tenhamos um mundo melhor. Agradeço a Rafaela, minha esposa, que também tem que dividir-me com o que tento construir e mudar.

Mais que especialmente, agradeço a todos aqueles que dedicam ou dedicaram suas vidas à causa prevencionista – meus colegas de profissão e os muitos amigos "cipeiros" que acompanhei, treinei e com os quais aprendi muito.

Apresentação

Não é muito difícil escrever sobre meu compadre Cosmo. Eu o conheci no início do Grupo Serviço Especializado em Engenharia de Segurança e Medicina do Trabalho (SESMT) – o maior grupo virtual de SST –, por ocasião de encontro no ABC, nos idos de já nem me lembro bem, mas foi no século passado...

Desde então, temos mantido contato quase diário por mensagens do Grupo. Aprendemos a respeitá-lo não só como excelente profissional, mas também, e primordialmente, pela grande figura humana que é.

Lembro que, em um de nossos encontros, o achei um tanto macambúzio. Fiquei sabendo que ele havia passado a noite no pronto-socorro, com crise hipertensiva grave. Nem esse percalço o impediu de estar à frente do evento, coordenando as atividades.

Incansável, todos os integrantes do SESMT sempre comentam que não entendem como ele consegue "disparar" tantas mensagens e, quase sempre, em horas em que a maioria de nós está descansando.

Solidário com a categoria, apesar das incontáveis vezes que lhe sugeriram descobrir um meio de ganhar dinheiro com as atividades do Grupo, ele sempre se recusou a qualquer tipo de "monetarização" dessas suas atividades associativas. Do mesmo modo, nos encontros presenciais, a tônica sempre foi não cobrar nada dos inscritos.

"Escrevinhador", como ele mesmo se intitula, é infatigável, sendo responsável por páginas em vários órgãos de divulgação na área de SST. Uma coletânea dessas páginas foi reunida neste livro, que é o resultado de suas publicações na revista *Proteção*. O leitor poderá avaliar a grande capacidade que Cosmo tem de tornar compreensíveis os complexos problemas do dia a dia do profissional.

Uma de suas facetas pouco divulgadas é a veia poética. Suas poesias publicadas evidenciam não só sua estreita ligação com Erato,[1] a musa da

---

1. Erato, "a Amável", é uma das nove musas virgens da mitologia grega. Filha de Zeus e Mnemosine, é conhecida como a musa da poesia romântica, representada com uma lira e, por vezes, com uma coroa de rosas.

poesia, mas também a grande preocupação com aspectos sociais e psicológicos do ser humano.

Parabéns ao Cosmo por mais esta oportuna iniciativa. Penso que os profissionais de nossa área terão, nesta publicação, um excelente material de consulta para o desenvolvimento das atividades diárias.

Jorge da Rocha Gomes
*Médico do Trabalho,
docente aposentado da Faculdade de Saúde Pública
da Universidade de São Paulo (USP),
ex-superintendente da Fundação Jorge Duprat e Figueiredo (Fundacentro),
ex-presidente da Associação Nacional de Medicina do Trabalho e
ex-chefe do Centro VW de Saúde Ocupacional*

Introdução

Para começo de conversa

Lembro-me de que um dia, lá na distante infância, ao remexer fotos da família, dei-me conta de que em muitas delas era possível ver meu avô materno fazendo pose tendo nas mãos instrumentos de corda. Era bonito demais ver aquele grupo de pessoas supostamente vestidas de branco – até porque as fotografias eram em preto e branco – formando o que, no passado ainda mais distante, eram os cordões e blocos de carnaval.

Nunca gostei de carnaval, mas carrego comigo a frustração de jamais ter aprendido a tocar qualquer instrumento. Mesmo sendo apaixonado pela música. No entanto, o que mais me incomodava ao olhar àquelas fotografias era jamais ter visto meu avô tocando qualquer instrumento.

Naquele momento da vida, desconhecia totalmente o universo do trabalho inseguro e insalubre. Sabia, como toda criança, que o trabalho era importante e que fazia parte da rotina de todas as pessoas de bem. No entanto, nem de longe imaginava que tantas pessoas adoeciam, ficavam mutiladas e morriam no exercício de sua atividade, e que o Brasil, além de ser campeão de futebol, era também o número 1 no mundo em acidentes de trabalho.

Um dia, descobri que aquela ponta de dedo que faltava em uma das mãos de meu avô – a mesma que eu via tão tristemente nos momentos em que ele acenava se despedindo quando deixávamos Guaratinguetá em direção ao Rio de Janeiro – não era algo normal.

Logo alguém me contou, na forma como antigamente se falava às crianças, que ele havia perdido parte do dedo em um acidente de trabalho.

Confesso que, na época, o que mais me chocou foi saber que aquela fábrica de tubaína e groselha onde ele trabalhava e, nas minhas férias, eu ia provar as delícias tomadas diretamente nas garrafas cuja tampinha ele furava com um prego, não era assim um lugar tão bonito como eu achava.

Pouco depois entendi que a falta de parte do dedo era a razão para jamais ter visto meu avô tocando violão, viola ou qualquer outro instrumento.

Anos depois, quando me tornei prevencionista, reencontrei tudo isso escrito dentro de mim e certamente isso – mesmo que inconscientemente – me fez saber que a prevenção é muito mais que uma porção de leis, normas e procedimentos.

Tudo que li, aprendi e fiz jamais se distanciou da ideia de que não exista nada mais importante que um ser humano preservado. Quando olho para estatísticas, não vejo apenas números e, ao pensar na técnica prevencionista, sei que temos em mãos formas e maneiras de ter um mundo melhor.

É por isso que estou aqui tentando partilhar um pouco as experiências de um profissional com mais de 25 anos nessa área e, ao mesmo tempo, os sentimentos de um menino que durante muitos anos ficou sem algumas respostas.

Creio que possa ser útil.

Quebrando o gelo

Conquistar trabalhadores e empresa é o grande desafio dos profissionais do SESMT

Entre os muitos problemas que temos em nossa área de atuação, um dos mais importantes diz respeito ao não entendimento do trabalho que exercemos para nossos clientes.

É importante pensar nisso porque, se as pessoas mal sabem o que fazemos, corremos o grande risco de sempre frustrar suas expectativas e, como consequência, jamais encontrar melhor posição dentro das organizações.

O que ocorre vem muito antes desse problema. Na verdade, as pessoas não entendem bem o que é a prevenção de acidentes e associam nossa área ao conjunto de tantas outras iniciativas paternalistas tão comuns em nossa sociedade. Para a grande maioria, segurança se faz quando é possível e, como consequência, o pessoal do setor é ouvido quando alguém quer ouvi-lo. No fundo, praticar prevenção acaba sendo um benefício, uma concessão, e é claro que, ao ver as coisas assim, não há muito o que fazer.

Daí em diante, mesmo com as melhores formações possíveis e imbuídos da máxima boa vontade, os profissionais especializados são tragados por essa visão mais que equivocada. Ao reforçarem ainda mais o erro, eles são responsabilizados por tudo que acontece de errado em termos de acidentes. O modelo de prevenção acaba sendo uma extensão da vontade dos profissionais do Serviço Especializado em Engenharia de Segurança e Medicina do Trabalho (SESMT), que precisariam ser mais que super-heróis para torná-lo real.

Isso leva à realidade que vemos na grande maioria das empresas. Em algumas, colegas vivem verdadeiros malabarismos, tentando planejar, executar e inspecionar tudo, vivenciando quase que diariamente uma imensa série de conflitos e tendo que, em muitos casos, pôr em risco o emprego para exercer sua função. Tão ruim quanto isso é vermos, em outros locais, um estado de total apatia do corpo técnico prevencionista. Alguns profissionais, diga-se de passagem, muito bem escondidos atrás das imensas pilhas de papéis que inventam para se manterem no sistema.

Ao mesmo tempo, o trabalho segue ferindo, mutilando, adoecendo, matando, e racionalmente sabemos que isso não interessa a ninguém. Então, o que falta?

Falta com certeza uma análise mais profunda dos quadros que temos dentro das empresas e o entendimento por parte de nossos colegas de que, tal como em qualquer área técnica, embora a nossa esteja toda baseada em normas legais, há necessidade de estratégias para que a área se torne conhecida pelos nossos clientes. Assim, costumamos dizer que falta um período de aproximação e de conhecimento – uma espécie de namoro – para que as partes se conheçam melhor e possam conviver de forma mais harmoniosa.

Muito antes de oferecer um produto a um cliente – e prevenção de acidentes é um produto –, precisamos tentar compreender o quanto ele entende sobre aquele produto e, se entende, quanto reconhece de utilidade e benefício para adquiri-lo, investindo nele seus recursos. Quando desconhecemos essa etapa, estamos aumentando muito as dificuldades que teremos dali em diante.

Muitos de nossos colegas afirmam que a área da Prevenção implica atuar com muitos e diversificados conhecimentos, e talvez nem saibam o quanto isso é verdadeiro e extenso. Aqui está uma das ações que se espera de um SESMT maduro e bem preparado: conhecer e romper as barreiras que impedem a prevenção, indo além do conceito de que as pessoas têm má vontade, entendendo que boa parte do que ocorre se deve à ignorância sobre o assunto ou à forma inadequada como foi apresentado.

Assim, antes da técnica, que tal um reconhecimento do ambiente à sua volta?

O que você acha de dedicar parte de seu tempo para conhecer as pessoas e avaliar, mesmo que informalmente, o grau de conhecimento e entendimento que elas têm sobre a atuação de nossa área e mesmo do profissional? E, é claro, com base nessas conclusões, buscar ações que possam mudar paradigmas e reverter situações.

Não podemos esquecer que a grande complexidade da prevenção passa pela imensa complexidade humana, e que a eficácia na aplicação e no sucesso não está nos papéis que escrevemos, nas placas que instalamos, nos equipamentos que indicamos, mas na capacidade de fazer com que as pessoas entendam que tudo isso tem valia e importância para seus negócios, objetivos e vidas.

Prevenir a resistência infundada à prevenção: uma etapa a mais para a busca do sucesso.

Pare e pense!

É preciso romper com a crença de que documentos por si só resolvem nossos problemas

Aprendi que um dos grandes problemas de uma área técnica ocorre quando as ferramentas passam a ser mais importantes que a gestão. Com isso geralmente vem um processo de omissão das pessoas em relação às dificuldades, passando a cumprir rotinas e nada mais. O grande problema é que aquela rotina pode estar errada, mal dimensionada ou qualquer coisa do gênero. Se não houver reação por parte do especialista, só descobriremos a necessidade de melhoria a um custo muito alto.

Uma das características do profissional especializado é a capacidade de análise crítica. Um não especialista olha um processo sem grandes conhecimentos e detalhes. Entretanto, o especialista deve sempre enxergar além. Infelizmente, em nosso país temos perdido essa referência e, por essa razão, os entulhos, sejam estes de ordem técnica ou burocrática, vêm tomando o espaço das gestões. Na prática, isso quer dizer que a cada dia fazemos mais papéis e trabalhamos menos, cumprimos rotinas e deixamos de lado a realização da prática que, de fato, agrega valor.

Isso é ruim para todos. Primeiramente para a empresa, que não recebe qualquer contribuição efetiva para a solução dos problemas – paga e não leva; ganha apenas uma porção de papéis, os quais, ao se olhar bem de perto, não têm qualquer serventia para o negócio em si. Em segundo lugar, para o profissional, que se submete a um processo de atrofia, deixando de ser um gestor voltado para soluções, para ser um emissor de documentos. Os efeitos desse processo atingem principalmente os trabalhadores, que acabam por se expor a situações inadequadas enquanto os recursos que poderiam mudar esse quadro são gastos para gerar uma montanha de papéis que dão a impressão de que isso ocorre.

Diante de tudo, penso que anda em falta na área uma pergunta muito simples, mas que, quando bem aplicada, pode operar milagres em sistemas de gestão e carreiras profissionais: "Para que serve isso que eu faço?"

Poderíamos chamar esse questionamento de análise crítica de nosso trabalho e, mesmo que sem formalidades, vez por outra, dedicar um tempo para entender a finalidade de nossas atividades. Isso com certeza nos permitiria entender inclusive como somos vistos pelas demais áreas e por profissionais da organização na qual atuamos. Com certeza seria muito útil para todos.

Como sugestão, comecemos pelos inúmeros programas e documentos legais que preenchemos. Obviamente estes geram trabalho e custam recursos. Sendo assim, devem ter alguma utilidade. Mas qual? Para que servem? Talvez neste momento, em sua organização, não sirvam para nada, especialmente porque vêm sendo elaborados sem a noção básica de que devem estar voltados para o entendimento dos usuários e não do executor. Um exemplo típico disso é o Programa de Prevenção de Riscos Ambientais (PPRA), que, ao longo dos anos, foi se deformando pelo entendimento de que devem se prestar mais à defesa das empresas em processos que como espinha mestra de uma base para gestão. Assim, boa parte dos PPRAs tem tanta informação e complexidade que serve para quase tudo – menos como referência para que as pessoas saibam o que fazer para a prevenção se estabelecer e seguir de forma organizada.

Que tal darmos uma conferida nos quadros estatísticos? Com o tempo, fomos aprimorando seu padrão estético; por isso são belos. Contudo, será que são úteis? Precisamos lembrar que números por si só nada dizem. Precisam ser analisados, interpretados e mais que isso: é necessário que a informação estatística se preste como referência para reações diante de problemas e, por isso, deve ser atualizada, analisada e informada no menor tempo possível. Para que serve informar acidentes ocorridos 30 ou 45 dias depois? Que tipo de reação isso nos permite?

E os grandes programas de higiene para os quais conseguimos bons recursos para realizar o reconhecimento e avaliação? De repente, temos em mãos uma quantidade, com qualidade de informações de excelente nível, mas esquecemos de prever dinheiro para as adequações e correções necessárias.

Por aí deve seguir nossa análise, tentando entender – e nunca é tarde demais – para que serve um programa. Precisamos deixar de lado o hábito de achar que documentos devem encerrar em si todos os problemas – como se o papel tivesse algum poder de resolução e criação. Quanto mais texto escrito – tenham certeza –, menos gente lerá; menos pessoas farão sua parte ou aquilo que esperamos que façam.

Pensem também para que serve o chamado programa de Diálogo Diário de Segurança (DDS), o qual, por alguém ter entendido um dia que ele deve acontecer "todos os dias", se tornou algo totalmente sem sentido dentro de boa parte das organizações. É visto como uma obrigação e todos sabem qual é a qualidade de algo feito sem que sua utilidade seja levada em conta...

Reflitam sobre os processos para liberação de serviços: isso é processo de prevenção ou tarde de autógrafos? O que faz a prevenção? São pessoas treinadas e conscientes ou uma coleção de assinaturas com as quais se tenta compartilhar responsabilidades e nada mais? A pergunta "para que serve" pode salvar vidas, economizar recursos e, de quebra, garantir o emprego de muita gente.

Antigo, jamais ultrapassado

Não existe nada mais fundamental que um bom programa de inspeção de segurança

O "novo", ou aquilo que nos parece novo, tem quase sempre uma grande capacidade de exercer fascínio. De fato, é importante que tanto na vida profissional como na vida pessoal estejamos sempre abertos a descobertas. No entanto, tão importante quanto buscar o novo é ter a capacidade e o discernimento sobre sua aplicabilidade em nossa realidade. Quando falamos de novidades em área técnica, precisamos estar ainda mais atentos para não nos deixarmos levar apenas pelos fortes apelos do marketing. Afinal de contas, algo pode ser muito bonito, mas necessariamente não quer dizer que seja aplicável à nossa realidade, ao nosso dia a dia ou à empresa onde trabalhamos.

Ao mesmo tempo, é importante lembrar que toda área técnica tem seus fundamentos e conceitos básicos, e, na verdade, são eles que a sustentam. Obviamente precisamos ter todo o cuidado para que isso não se transforme em um paradigma. Da mesma forma, devemos estar atentos para que essas novidades não sejam deixadas de lado sem que se faça uma análise mais detalhada sobre o assunto.

Estamos dizendo tudo isso para chegar ao tema "modismos" e chamar a atenção para o quanto alguns deles são perigosos e mais ainda: o quanto um profissional especializado ou um especialista deve analisar com frieza as possíveis implicações que uma mudança pode ter. Resumindo: mudanças envolvem análise profunda e planejamento, e tudo isso carece de conhecimento. Sendo assim, se você vai decidir algo sobre situações que impliquem perigos e riscos para as pessoas, estude o assunto antes de tomar uma decisão.

Vez por outra surgem modismos em todas as áreas e segmentos. Claro que parte do que surge é bom, mas, com certeza, uma grande parcela vai chamar a atenção por certo tempo e logo vai cair em esquecimento e desuso. Muito do que vai passar só chegará às empresas – e no decorrer do tempo fará parte apenas do rol das formalidades e papéis – porque os especialistas não serão capazes de explicar à alta direção a inconsistência ou mesmo inutilidade prática daquilo. Então, é preciso que fique claro que ser especialista não é apenas saber fazer o dia a dia, mas também ter capacidade analítica para certos assuntos.

Para a prevenção, tal como para qualquer outra área dentro da empresa, o que interessa é resultado. Isso parece ser óbvio; mas, se fosse, com certeza nossas empresas estariam menos entulhadas de programas e mais programas que só têm uma única utilidade: atrapalhar o dia a dia. Sempre que menciono isso, creio que um dia ainda chegaremos ao grau de honestidade de criar o prêmio "Elefante Branco do Ano" e com certeza não faltarão bons *cases* a serem premiados.

O pior é que muitas vezes essas "coisas" tomam o lugar das práticas eficazes que, com um pouco de análise, seriam adequadas aos modelos mais atuais, ou seja, com menores esforços e menos custos alcançaríamos melhores resultados.

Não existe nada mais fundamental para a prevenção que um bom programa de inspeção de segurança. E, se não fossem outras razões, bastaria dizer que não podemos controlar aquilo que não reconhecemos ou identificamos. No mais, poucas ferramentas têm tanta capacidade de educar para a prevenção como a inspeção, e poucas conseguem ser mais preventivas do que ela.

Parece-me que a inspeção de segurança está caindo em desuso, ainda que, em alguns lugares onde segue, venha ganhando mais jeito de formalidade que qualquer outra coisa. Isso se deve talvez pela busca de algum tipo de *status* – e qual melhor que ser capaz de cumprir sua finalidade? – que os SESMTs vêm se recolhendo às salas e deixando de lado uma de suas atividades essenciais.

Pode até ser que no futuro seja assim, mas hoje ainda não se alcançou esse tempo. Pode ser também que a ideia de alguns sistemas seja a busca da autogestão para a prevenção, mas há em nosso chão de fábrica realidade que permita isso? Estaria a prevenção de acidentes já no nível de nos preocuparmos apenas com indicadores?

Então, é bom não aposentarmos o programa de inspeção de segurança. Melhor ainda seria não o transformar em mais uma formalidade com baixa frequência de realização, pois é importante não esquecermos que a inspeção auxilia na eliminação das condições abaixo do padrão de segurança e, ao mesmo tempo, educa as pessoas. É essencial, no entanto, e se não houver outro jeito, que ao menos a transferência do processo de inspeção ocorra de forma técnica, treinando as pessoas para tanto e, muito especialmente, definindo parâmetros e conteúdo para a realização.

Se na sua gestão modernizar não é sinônimo de melhoria, reveja seus conceitos antes que um acidente ou o conjunto de sua estatística lhe obrigue a essa ação.

Para início de conversa

Ordens de Serviço são um direito do trabalhador e um dever da empresa

Em tempos nos quais a sofisticação ganha quase todo o espaço dentro de nossa área e em que, muitas vezes, a "Prevenção Show" toma o lugar da Prevenção de Acidentes, tratar Ordens de Serviço pode parecer algo pequeno demais. É verdade que muitas empresas hoje têm uma coleção bem completa de procedimentos e que estes estão disponíveis na "rede". Pena que em boa parte delas a maioria daqueles que estão mais expostos aos riscos e perigos não tem nem mesmo um terminal para consulta.

Nos últimos anos, em busca mais de se defender em processos que fazer a prevenção, escreveu-se sobre quase tudo. O lamentável é que muito do que se escreve não pode ser entendido por aqueles que mais precisam das informações preventivas.

Sabiamente, as Ordens de Serviço estão inseridas na primeira das Normas Regulamentadoras (NRs); até porque é por meio delas que se deve começar. Não há "jogo bom" sem que as partes envolvidas tenham pelo menos uma mínima noção das regras. Também não há programa de prevenção bom sem que os trabalhadores sejam formalmente orientados sobre os riscos e perigos daquilo que fazem. Parece óbvio que o melhor Programa de Prevenção de Riscos Ambientais (PPRA) do mundo pouco ou nada sirva quando os principais envolvidos em seu cumprimento nem mesmo sabem a que tipo de riscos e perigos estão expostos e os cuidados que devem tomar para a prevenção.

Compreensão

É muito importante ressaltar que o grande objetivo de qualquer "comunicação" é atingir seu alvo. Com isso quero dizer que quando pensamos em Ordens de Serviço devemos, acima e antes de tudo, lembrar que se trata de um procedimento que precisa ser entendido pelo trabalhador. Então, pouco ou nada adianta escrever "tratados" de prevenção. Antes é importante elaborar um documento que seja interessante levando em conta sua extensão e linguagem, e lembrar também que o modismo dos "modelos prontos" não quer dizer que exista um formato único: cada realidade merece análise específica.

Você lá leu a NR 1? Muita gente ainda não, e pior que isso: são pessoas que atuam na nossa área. Nela está escrito no item 7.b, entre outras coisas, que é obrigação do empregador "Elaborar Ordens de Serviço sobre Segurança e Medicina do Trabalho, dando ciência aos empregados". Descreve ainda que as Ordens de Serviço devem servir para prevenir atos inseguros, divulgar as obrigações e proibições, informar a possibilidade de sanções, determinar os procedimentos em casos de acidente e doenças do trabalho e adotar medidas para eliminar ou neutralizar insalubridade. Logo abaixo, o item 7.c cita que também é obrigação do empregador, entre outras, informar aos trabalhadores os riscos profissionais que possam se originar dos locais de trabalho e os meios para prevenir tais riscos.

Nada melhor, para atender a tudo isso e ainda trabalhar a prevenção, que uma Ordem de Serviço bem-feita e completa, construída com a clareza de que a prevenção merece e na linguagem que o trabalhador assimila, não importando o formato, mas a capacidade de ser, de fato, um instrumento para a prevenção.

Vale lembrar que boa parte dos acidentes de trabalho nas empresas ocorre pelo descumprimento das normas mais simples, e que isso acontece porque os colaboradores não foram conscientizados sobre o assunto. Lembremos que informação é diferente de conscientização. Assim, devemos entender que as Ordens de Serviço merecem um ou mais eventos para sua implantação, ou seja, explicar aos trabalhadores o porquê das normas e sua finalidade.

Para mim, a boa prevenção precisa ter em suas bases o jeito e a simplicidade de nossa terra e, mais que tudo, ser capaz de muito mais que dar a sensação de segurança: deve evitar acidentes.

Que tal, então – em tempos em que tanto se fala em gestão participativa –, fazer com que as Ordens de Serviço sejam elaboradas com a participação dos trabalhadores e com o envolvimento da Cipa (Comissão Interna de Prevenção de Acidentes)? Parece-me pelo menos razoável, olhando com os olhos modernos da gestão, que as pessoas tenham o direito de serem envolvidas na construção do conjunto de regras que terão de cumprir. E isso, com certeza, traduz-se em comprometimento por parte dos trabalhadores e ainda contribui para que as Ordens de Serviço sejam desenvolvidas em linguagem mais simples. Menos conceitos técnicos e mais praticidade serão, com certeza, iguais à mais prevenção.

Planejar é preciso

Organize suas atividades

Quando o final do ano se aproxima, nós que atuamos na área de prevenção de acidentes estamos cansados de tanto trabalho e acabamos tendo grande dificuldade para ao menos listar tudo o que foi feito durante os últimos 365 dias. Isso gera uma série de dificuldades, inclusive para incluirmos nos relatórios – que seguirão para a direção da organização – os dados sobre nosso trabalho.

É um problema muito antigo: nós da prevenção adoramos um "chão de fábrica" e sem dúvida damos um duro danado, mas acabamos nos esquecendo de organizar a forma de trabalho de tal maneira que seja possível "mensurar" o que fazemos e demonstrá-lo para aqueles que não acompanham o dia a dia operacional – via de regra, pessoas que tomam as decisões estratégicas da organização. E que tal tentar melhorar as coisas? Essa tentativa de melhorar certamente passa por alguma forma de planejamento.

Então, vamos aproveitar este tempo que resta para planejar o próximo período. Para fazer isso, basta que dediquemos alguma parte de nosso tempo diário, primeiro pensando e listando tudo que fazemos atualmente – isso mesmo pegue uma ou mais folhas de papel e vá escrevendo. Depois, analise de forma crítica a utilidade e os resultados que nossas ações têm. Então, em outra folha, vamos escrever tudo que deveríamos fazer e não temos conseguido – e nesse momento não importa se a culpa é nossa ou não.

Planejando

Agora já temos uma lista de nossas atividades. Pensemos, então, em alguns aspectos: elas, de fato, precisam ser feitas? Fazendo-as, de fato contribuo para a continuidade e a melhoria dos processos? A forma e o tempo que dedico para a execução podem ser melhorados? Tenho priorizado tarefas que são mais importantes? Algumas delas podem deixar de ser feitas? Há algo que faço e que seria mais bem realizado por outra pessoa? A frequência com que faço pode ser modificada? É importante que todos esses questionamentos sejam feitos pensando em melhorias para o sistema, para a organização como um todo, e não pensando em sua comodidade.

Enfim, após esses e outros questionamentos, que com certeza irão surgir, você poderá escolher dois caminhos.

O primeiro é marcar um horário com seu chefe imediato e apresentar a ele suas análises e propostas, mencionando que sua preocupação é planejar as atividades com o objetivo de racionalizar recursos – especialmente tempo – e aperfeiçoar sua atuação. É muito provável que ele fique encantado com a iniciativa e coopere com ela.

O segundo é elaborar um planejamento pessoal, tentando definir o quê, como e quando irá fazer e, principalmente, alguma forma de controle dos resultados obtidos. Não busque sofisticação com indicadores complexos, antes defina controles simples e objetivos pelos quais você mesmo possa ter ideia de como seu trabalho é desenvolvido.

E por que também não aproveitar o momento e planejar seu desenvolvimento profissional? Isso mesmo! Aproveite-o e faça uma análise de seus conhecimentos. Seja imparcial e sincero, analisando tanto seus pontos fortes quanto, especialmente, seus pontos fracos. Liste tudo aquilo que, no seu entendimento, precisa conhecer um pouco mais e, mesmo que não seja possível se matricular e frequentar algum tipo de curso, pense também nas possibilidades de ir buscar esse conhecimento na forma que for possível, seja por meio de livros, seja pela internet ou, quem sabe, com a ajuda de colegas.

O importante é atualizar o conhecimento e até mesmo rever algumas formas de trabalho. Com certeza há muitas atividades no processo da empresa onde você atua que ainda não domina bem. Então, inclua em seu planejamento também uma forma organizada de crescimento próprio.

Isso tornará sua vida melhor, mais fácil e objetiva, e seu trabalho ainda mais eficaz. Não custa tentar.

Em direção à prevenção

Organizações buscam na eficácia o caminho para a sobrevivência

Um dos assuntos da moda é falar sobre eficiência e eficácia. De nossa parte, torcemos para que o modismo sirva para as pessoas entenderem a importância de assimilar e pôr em prática esses conceitos, e muito especialmente a relação viva entre os dois. Afinal de contas é para isso que servem as ideias e as teorias, e os profissionais não devem ficar alheios aos benefícios que algumas delas podem trazer – embora todos saibam que algumas não são mais que novos sócios do velho clube dos "invencionismos", que, assim como surgem do nada, logo desaparecem na mesma direção.

Especificamente para nossa área, é essencial que nossos colegas analisem com imparcialidade "como anda" a questão de eficiência e eficácia em sua atividade profissional e especialmente nas organizações onde atuam. Isso às vezes fica meio esquecido quando trabalhamos em uma área que tem por trás uma norma que garante a existência do profissional – mas se lembrem de que a existência daquela vaga não quer dizer que ela seja sua para sempre. As estruturas das organizações estão cada vez mais enxutas, e com certeza as pessoas que "conseguem resultados" vão ganhando espaços.

Há algum tempo ser chamado de eficiente era o máximo dos elogios. Ser eficiente é ter a capacidade de fazer certo e bem. Então, alguém que é capaz de cumprir as formalidades é eficiente. Assim, um prevencionista apto a fazer um programa de segurança dentro dos parâmetros da norma é um profissional eficiente. De uns tempos para cá não basta mais ser eficiente, é preciso ser também eficaz.

Ser eficaz é ter a capacidade de usar a eficiência para cumprir a missão. Não basta, então, apenas SABER FAZER (ser eficiente), é preciso alcançar a missão – ser eficaz. Não basta ter bom chute, tem que fazer gol. Resumindo: "eficiência" é fazer alguma coisa certa, correta, sem muitos erros. Eficácia é fazer algum trabalho que atinja plenamente o resultado que se espera. É fazer "a coisa certa", ou seja, aquilo que conduza ao resultado almejado.

E aí começa o problema – não só de nossa área, mas de muitas outras.

A primeira parte dele diz respeito a não sabermos com clareza qual é a nossa missão. Isso precisa ser bem entendido dentro da organização. Há muita confusão sobre o assunto, o que leva ao consumo de muita energia com pouca direção e geralmente está por trás das relações em que os profissionais do Serviço Especializado em Engenharia de Segurança e Medicina do Trabalho (SESMT) têm a certeza de que trabalham muito e ao mesmo tempo têm pouco reconhecimento.

Resultados

É muito interessante escrever sobre isso, ainda mais por sabermos que em cada organização se espera do SESMT posicionamentos e ações diferentes; algo que venha a se ajustar à cultura daquela empresa e por isso seja mais útil. É preciso ser eficiente na direção certa, com uma direção definida: eis aí um bom começo para a eficácia.

Um exemplo muito interessante para esclarecer o assunto diz respeito à perfuração de um poço artesiano. Eficiência é cavar com perfeição técnica; eficácia é encontrar água. E não é difícil estender esse entendimento para a realidade de nossa área, na qual a eficiência pode estar associada ao cumprimento da legislação, mas a eficácia, aos resultados práticos que esse cumprimento deve obter. Na prática isso quer dizer que boa parte de nossa gente fica mais atenta a ser simplesmente eficiente, esquecendo que isso deve gerar resultados. Em tempos atuais, não gerar resultados práticos é algo que pode ser fator decisivo para que alguém tão eficiente quanto você venha a substituí-lo levando em conta a necessidade da eficácia.

Bons programas de segurança, procedimentos bem escritos e práticos, inspeções de segurança bem ajustadas, entre outros, demonstram a eficiência do profissional, mas, se não for capaz de atingir os resultados aos quais se propõe, certamente ele está muito distante de ser eficaz. Fica claro que olhar para os resultados faz parte da conduta da área ou do profissional que deseja estar inserido no conceito de eficaz. E esse olhar para o resultado passa distante de apenas buscarmos culpados "externos". Antes passa pela reflexão bastante detalhada da qualidade do que fazemos e da forma como fazemos, e especialmente se isso tudo é compatível com aquilo que esperam de nosso trabalho.

Para as organizações, o que interessa, na verdade, são profissionais que sejam capazes de, com base em sua eficiência, garantir a eficácia, e isso pode querer dizer muita coisa, já que nem sempre os "eficientes" programas permitem chegar à eficácia. Por isso, cabe aqui a pergunta principal: sua eficiência tem cooperado para a eficácia?

Pouca gente se dá ao trabalho de questionar, e se tranca em velhos conceitos. Alguns até dizem que sempre foi assim e não há nada a ser mudado. Parece que querem esquecer que, mesmo em velocidades diferentes, tudo tende a evoluir e que, diante dessa realidade, devemos estar prontos. Mais que isso: precisam estar aptos e preparados para fazer frente às novas necessidades. No caso específico da área de Prevenção, os erros conceituais do passado – entre eles a postura do SESMT como dono da prevenção – perdem espaço rapidamente para um departamento capaz de planejar a prevenção com base em todos os gestores.

De uma forma bem rude, é preciso entender que o profissional que antes usava o apito para interromper o trabalho inseguro deveria hoje saber planejar seu uso pelas outras áreas, até porque, embora o "método do apito" em algum momento tenha sido eficiente, com certeza raras vezes foi, de fato, eficaz.

Use sua eficiência para pensar em eficácia. Dedique um tempo para entender sua missão e trabalhe para ir na direção dela. O que você faz será muito importante se for capaz de alcançar os resultados esperados.

A primeira instrução é a que fica

Uma integração bem-feita reforça os laços dos colaboradores com a área de Segurança e Saúde no Trabalho (SST)

Vamos falar sobre integração. Principalmente, tentar dizer às pessoas que ela não é uma formalidade ou simplesmente uma etapa a cumprir cujo objetivo final e principal seja a obtenção da assinatura do trabalhador em mais um documento.

Vale aqui lembrar o ditado popular que afirma que a "primeira impressão é a que fica". Na verdade, não apenas lembrá-lo, mas associá-lo à nossa área de trabalho. Analisando melhor, veremos e lembraremos que, em nossas vidas e atividades cotidianas, boa parte do que acontece tem muito a ver com o primeiro contato que temos com alguma pessoa, instituição ou assunto. Se esse contato for bom e positivo, é bem provável que dali em diante seja estabelecida uma boa relação. Ao mesmo tempo, se esse contato não for tão positivo, é bem provável que não surja uma relação, ou, se surgir, será apenas mais uma obrigação. Obviamente, uma das bases que define isso diz respeito também à impressão que temos sobre fatos, lugares e pessoas.

Com a prevenção, não é diferente e, por isso, devemos dedicar muita atenção ao planejamento e à realização de uma boa integração, pois, com certeza, ela será decisiva para o balizamento da relação dos novos colaboradores com a nossa área.

Tudo isso começa quando entendemos que não podemos nos portar apenas como "caçadores de assinaturas em evidências e registros". É necessária a compreensão de que, quando realizamos uma integração, temos ali o primeiro contato com aquelas pessoas de nossa área. Então, a integração deve ser algo assim como um "bem-vindo", obviamente recheado do conteúdo que precisa ser transmitido a quem dela está participando. Veja, no quadro a seguir, as dicas para uma boa integração.

PARA UMA AÇÃO MAIS EFICAZ

O processo de integração dos novos funcionários requer atenção aos seguintes aspectos:

- Deve ser o resultado de uma boa análise do profissional de Segurança no Trabalho, reconhecendo e listando tudo o que é importante para os que estão chegando à organização. Obviamente, o tempo de duração será proporcional à natureza e à quantidade de riscos e perigos.
- Jamais deve ser vista ou entendida como treinamento. Se há necessidade de informação/formação mais detalhada, outro evento deve ser marcado.
- Materiais e métodos utilizados devem ser atrativos; no entanto, não devem ser vistos como mais importantes que o conteúdo. Vale lembrar sempre que o objetivo é informar sobre prevenção.
- A integração é um momento de alta seriedade, mas esta jamais quis dizer "cara feia" ou postura mais rígida. É importante que esse momento seja utilizado para que aqueles que chegam sintam confiança e canais de diálogo abertos com os responsáveis.
- Sempre que possível, que seja feita não apenas pelo profissional de Segurança, mas também pelo gestor da área ou do contrato.
- O material da integração deve ser atualizado com bastante frequência, evitando que fique defasado e não contemple todos os itens necessários.
- A integração não deve ser apenas a leitura do "Decálogo das proibições", ou ainda a "sessão do medo". Prevenção é educação, e não contribuímos para isso apenas dizendo o que não deve ser feito; antes devemos explicar o tipo e a natureza dos riscos e perigos, levando os colaboradores ao entendimento destes.
- Pratique a retroalimentação de forma mais completa, reservando espaço para que a cada item explanado seja possível que pelo menos um dos participantes confirme o entendimento por meio de uma breve explanação.

Fonte: elaborado pelo autor.

Piores

As piores integrações a que já tive oportunidade de assistir na minha vida foram as realizadas por pessoas do tipo "aqui mando eu". Obviamente, diante da necessidade do emprego, nenhum dos participantes ao menos abre a boca para contestar qualquer uma das palavas ditas por aquele ser "superpoderoso" que se coloca ali na frente e se dedica à arte do poder. No entanto, passado o evento da integração, a grande maioria irá reagir, às vezes até de forma inconsciente, às "agressões" recebidas na integração. Embora muitos de nossos colegas jamais tenham se dado conta, parte dos problemas que enfrentam no dia a dia de seu trabalho teve início lá na integração.

Menos problemáticas em termos de relação pessoal, mas muito ruins para o contexto da prevenção, são as integrações não interativas, ou seja, aquelas nas quais um filme – mesmo que muito bem-feito – tenta fazer o papel do contato humano. Além de ser totalmente impessoal, ele denota que, apesar de toda preocupação que tal organização alega ter com o assunto "prevenção", esta não é suficiente para que um de seus representantes tenha, em seu planejamento, algum tempo para vir falar às pessoas sobre o assunto. Por fim, não permitem qualquer tipo de realimentação quanto ao entendimento, ficando aquela impressão – e logo a primeira – de que estamos ali para cumprir tabela ou mera formalidade. Se seu programa de prevenção é importante para a organização, e apesar disso não há recursos e tempo para uma boa integração, é necessário realizar uma revisão crítica sobre o assunto.

Muitos são os problemas associados àquela integração que continua sendo usada hoje tal como foi feita para os navegadores de Cabral quando aqui chegaram e alcançam a integração "modernosa", na qual há mais valores nos efeitos especiais do que no conteúdo prevencionista propriamente dito. As novas tecnologias podem até impressionar, mas pouco ou nada servem para a prevenção.

O trabalhador não usa EPI

Adesão de empregado demonstra nível de maturidade em Segurança e Saúde no Trabalho (SST) das empresas

Certamente, poucos assuntos na área da Prevenção de acidentes são mais antigos e geram mais conflitos que a recusa ao uso do Equipamento de Proteção Individual (EPI). Mesmo sendo um problema tão antigo, volta e meia ainda nos deparamos com gente propondo soluções das mais simples como se fosse possível resolver dessa forma algo que diz respeito a uma postura pessoal – uma decisão humana.

A verdade é que o índice de aceitação da proteção individual é, sem dúvida, um forte indicador da maturidade de uma gestão prevencionista – especialmente porque demonstra, de alguma forma, que existe naquele local um nível mais alto de conscientização quanto às práticas necessárias para a prevenção de lesões e doenças ocupacionais.

Com certeza é muito fácil decorar e mudar o ambiente. Mais fácil ainda é produzir belos e bem escritos procedimentos e formulários. No entanto, transformar a visão do trabalhador é ter um grau de prevenção que poucas empresas entendem e conseguem alcançar. E é exatamente este o verdadeiro objetivo de qualquer gestão equilibrada e séria para o assunto prevenção.

Os problemas com o uso do EPI começam, via de regra, em áreas e decisões muito distantes do chão de fábrica. Na verdade, muitas vezes começam no descumprimento da NR 6 quando se permite que algo que era para ser temporário se torne definitivo. E não estão só aí: seguem pela falta de modelos e tipos que se acomodem às pessoas; passam pela falta de opções para que o próprio trabalhador possa escolher o EPI e, ainda, pela falta de um programa sério e completo para a conscientização quanto ao uso do aparato.

Não há como negar que hoje no Brasil ocorre o uso de EPI sem muitos critérios. Em alguns locais, o EPI nada mais é que a tentativa de "evitar processos".

Assim, equipamentos que deveriam ter um tipo de função, de certa forma, até nobre, acabam sendo assimilados pelos trabalhadores como coisa qualquer. Isso leva à indicação do EPI "no atacado", ou seja, sem se observar a real necessidade.

Além disso, dentro da relação empresa *versus* empregados – especialistas *versus* trabalhadores –, segue existindo a ideia do "manda quem pode, obedece quem tem juízo", sempre muito ruim para situações nas quais somente a conscientização tem capacidade para transformar as situações e, com certeza, uma forte inibidora para que ocorra uma relação madura entre as partes.

Interessante notar que essa relação "madura" interessa a ambas as partes, já que ao mesmo tempo que a empresa não deseja que seus trabalhadores se lesionem ou adoeçam em razão de suas atividades – embora muitas não saibam como fazer isso de forma adequada –, também os trabalhadores não desejam que seja o trabalho a causa de problemas em suas vidas, agindo simplesmente sem conseguir entender, por si ou por ação externa, o potencial de dano que há na atividade que realizam.

De forma geral, passamos a cuidar melhor do problema quando:

1. Mudamos nossa forma de vê-lo e compreendê-lo, passando a tratar o assunto com base em conclusões menos simplistas ou baseadas em crendices, chavões e paradigmas da área, e indo na direção de uma análise e de um consequente diagnóstico mais realista.

2. Desenhamos um programa para a gestão da proteção individual, tratando, assim, o tema de forma organizada e sistematizada, garantindo, também, que o assunto siga apoiado por um processo de melhoria contínua. Em tal programa devemos contemplar todas as fases do processo, prevendo, inclusive, ações de treinamento para integrantes da área de compras, elaboração de padrões, realização de testes e envolvimento da Cipa na escolha de modelos.

A empresa deve, obrigatoriamente, ter um fluxograma que indique as ações e responsabilidades, no caso de recusa justificada e injustificada, que deve ter o envolvimento de todos os setores possíveis, especialmente a área médica, seja esta própria (da empresa) ou contratada.

De forma alguma podem ficar de fora a previsão e a realização da inspeção de recebimento dos EPIs, a qual deve ser feita pelo responsável pelo almoxarifado ou depósito, ou até mesmo por alguém da Cipa. Vejam aqui uma grande oportunidade de envolvimento dos representantes dos trabalhadores, já que não é incomum a entrega de lotes de EPIs em condições ruins, o que gera rejeição por parte dos usuários.

Satisfação

Do mesmo modo, é essencial que seja inserida também uma "pesquisa de satisfação do cliente", mesmo que por amostragem, ou seja, periodicamente consultar os trabalhadores quanto a possíveis problemas em relação ao uso e à qualidade dos EPIs. Isso, além de conduzir a um modelo participativo adequado, com certeza contribui para a inibição de fornecimentos inadequados de origem externa e também para uma melhor gestão interna, por exemplo, pela observação, por parte dos responsáveis internos, da necessidade de trocas e higienização.

Outro ponto importante é inserir nesse programa a questão da sinalização para uso. Lembre-se de que a questão do EPI é um problema dentro de nossa gestão e que devemos atuar de forma "atrativa", de maneira a cooperar na direção dos resultados necessários. Poderíamos passar horas tratando dessa temática que, além de importante, é por demais interessante, já que é uma grande lacuna mesmo nas melhores gestões prevencionistas. No entanto, a ideia é apenas chamar a atenção para a possibilidade de cuidarmos melhor do assunto. A proposta é que daí em diante cada um, com sua experiência, trate a questão na medida exata de sua realidade.

Onde vou trabalhar?

Antes de procurar por emprego, avalie perfil pessoal e áreas de afinidade

Desde que nasci – e olha que isso já faz um bom tempo – nunca vivemos no Brasil sem o grande problema do desemprego. E esse problema ainda é maior quando não temos a chamada experiência, o que gera um círculo estranho: as pessoas não têm emprego porque não têm experiência e não têm experiência porque não têm emprego.

Assim, falar de escolha no emprego pode parecer algo meio estranho. No entanto, muito além da mera sobrevivência, existe uma coisa chamada satisfação que, sempre que possível, deve ser levada em conta. Aliás, a satisfação é boa tanto para o profissional quanto para a organização, já que quando ela não existe o rendimento é bastante comprometido.

Nas palestras que faço por aí, muita gente me pergunta sobre emprego. Como o assunto é muito frequente, resolvi transcrever um pouco do que digo em texto.

Pouca gente nota ou presta atenção, mas, embora a formação do técnico de Segurança do Trabalho seja única – o mesmo ocorre com os demais profissionais da NR 4 (SESMT) –, os segmentos de atuação são os mais variados possíveis. E não apenas variados nas atividades industriais, comerciais ou de serviços, mas principalmente na forma de atuação que se espera de determinado profissional. Observar isso previamente é muito importante até para que aquele que pretende ingressar no mercado de trabalho foque seus interesses em aprendizado suplementar voltado à área, lembrando, é claro, que essa complementação não se refere apenas às técnicas da prevenção em si. Na prática, isso quer dizer que é preciso entender e analisar um pouco mais o próprio perfil para saber, assim, em que tipo de atuação haverá mais chances de se dar melhor.

Características pessoais

Alguns, pelo jeito de ser e pelas habilidades naturais, atuarão com mais gosto, por exemplo, em organizações onde o forte seja a gestão de Segurança e Saúde. Então, poderão se dar bem cuidando de papéis, organizando programas etc. Outros terão mais sucesso atuando em uma frente de obra, correndo em constantes inspeções, replanejando quase que diariamente o trabalho etc.

Obviamente, não é porque um sujeito tem dificuldades em falar em público que não poderá jamais fazê-lo ou mudar isso. Se tem desejo de fazer palestras e apresentações, melhor, então, que se dedique desde já a aprender as técnicas que o ajudam. Ao mesmo tempo, se o profissional não for dos mais organizados ou não tiver uma boa comunicação escrita e deseja atuar em processos de gestão mais elaborados, é bom que comece a trabalhar nessa direção. A saída é ler mais e dedicar parte do tempo a melhorar as deficiências que podem se tornar dificuldades para conseguir aquilo que se deseja.

Talvez tenhamos, sim, que trabalhar um pouco mais; dedicar um pouco mais de nosso tempo para alcançarmos nosso objetivo.

Então, faça, antes de tudo, uma autoanálise e veja onde seu perfil se enquadra melhor.

Áreas de atuação

Muitas pessoas perguntam também quais especialidades devem ser buscadas. Digo sempre que um bom profissional deve conhecer profundamente as bases de sua área de atuação. Conhecer – e não decorar – a legislação é essencial. Conhecer significa entender, saber o porquê de cada coisa em relação à prática. O mercado carece muito de profissionais que sejam capazes de saber o que fazer com a legislação, como transformá-la em práticas gerenciais em vez de apenas repeti-las. Daí em diante, com certeza, você vai notar afinidades com algumas das áreas e práticas dentro da prevenção e, obviamente, irá associar isso à realidade do mercado de trabalho que há na região onde pretende trabalhar.

Atuar profissionalmente levando em conta apenas os interesses de sobrevivência pode levar a algum tipo de sucesso, mas jamais à realização. Fazer o que se gosta é essencial.

Não há exagero em dizer que essas análises e escolhas são importantes demais e que a ausência delas tem sido a causa da frustração de muita gente que poderia agregar valor às organizações e a nossa área. Quem escolheu ser um prevencionista tem um leque de opções, muito maior que o da maioria das demais profissões.

Lembre-se: você fará sempre melhor aquilo que gosta de fazer.

Dialogar é preciso

Programas de comunicação são fundamentais nas práticas prevencionistas

Uma coisa é certa e definitiva: as práticas prevencionistas, para serem boas, precisam ser prazerosas. Não é possível seguir acreditando que se manter vivo e com saúde seja apenas uma obrigação.

Infelizmente é assim que muito de nossa área é visto dentro das organizações. Será que ninguém se pergunta por quê? Será que justamente a área que atua na direção de vida e saúde vai seguir sendo a vilã da administração?

Com certeza, parte disso se deve aos exageros. Creio que algumas áreas de Segurança e Saúde no Trabalho dentro de algumas organizações supõem que as pessoas não têm outra coisa a fazer que não seja cumprir os programas que inventam – e como inventam. Creio que algumas pensem que trabalhar seja a arte de inventar coisas de tempos em tempos, esquecendo que seria melhor fazê-las funcionar efetivamente.

No meio disso, estão os programas de Diálogo de Segurança; de fato, uma ferramenta das mais importantes para nossa área e que, por isso, deveria ser tratada de forma mais completa. Isso evitaria o imenso desgaste que esse programa sofre em alguns lugares, chegando a ser, em boa parte, não mais que imensa formalidade que só aborrece e chateia as pessoas.

Não sei onde está escrito que o Diálogo Diário de Segurança (DDS) deva ser, realmente diário. Imagino, sim, que cada gestor defina a frequência de acordo com a sua realidade, considerando mais a qualidade dos encontros e menos a quantidade; algo que faça com que o programa seja levado mais a sério e com menos formalidade. Pouco adianta apenas copiar, definir que será diário porque na empresa vizinha assim o é. Não é desse modo que se faz gestão.

E o preparo das pessoas? Sendo o programa tão importante, parece necessário prepará-las para que ele se mantenha. Há alguns anos trabalhei em uma grande empresa na qual um mestre de Produção com mais de vinte anos de área me dizia que preferia ser mandado embora a falar com pessoas. A partir daí começamos a trabalhar um projeto de apoio ao programa com base em um treinamento básico para a comunicação. Incluímos o apoio de técnicos de Segurança e da Cipa para aqueles com mais maiores dificuldades. Mudou muita coisa.

A falta de preparo é uma realidade! Temos, em todas as organizações, profissionais e pessoas que não sabem de prevenção nem para eles próprios. Então, como farão diálogos de segurança? Farão por fazer, para colher assinaturas e nada mais, e o programa será, aos poucos, desmoralizado.

E qual é a frequência dos DDSs? Cada organização tem sua realidade e, dentro dela, um departamento, e neste uma área ou setor. Definir a frequência sem levar isso em conta é conduzir o programa ao extermínio. Fazer por fazer em tudo é ruim, em prevenção, pior ainda. Então, que tal uma boa análise sobre a realidade das áreas, uma programação mais ajustada e que, de fato, leve a uma realização mais viva e verdadeira?

E o padrão? Segurança do Trabalho é uma área técnica e, como tal, tem conceitos e princípios preestabelecidos. Cresce a prevenção quando mais pessoas passam a comungar – e aqui essa palavra significa comunicar – de uma forma mais parecida, igual e com a mesma finalidade.

Será que as pessoas têm dito coisas adequadas? Será que as técnicas de comunicação são seguidas? Ou nosso programa de DDS é, na verdade, uma FDS (Fofoca Diária de Segurança), em que cada um fala o que quer, como quer e da forma que acha melhor? Enfim, há sempre o que melhorar, tornando, com certeza, os programas mais atrativos e eficazes. Cabe-nos saber ouvir o que nossos clientes internos pensam e sentem sobre o que criamos, e adequar nossos desejos para que se cumpra melhor sua função.

Como ferramenta para a prevenção, o programa, ou seja lá que nome tenha em sua organização, deve ser vivo e interessante, sendo considerado uma oportunidade para que pessoas dialoguem sobre prevenção, trazendo esse assunto para o rol de questionamentos e entendimentos.

Não podemos deixar que um programa mal planejado, dimensionado e definido crie um desgaste maior, impedindo os ganhos e benefícios que um bom DDS pode trazer.

Gestão é a solução

Planejar ações simples pode ser o melhor caminho para se chegar a bons resultados em Segurança e Saúde no Trabalho (SST)

Um dia, lá no futuro, os homens ainda vão aprender a usar a inteligência para simplificar as coisas. Até lá, vamos vê-los usando a inteligência apenas para tornarem-se mais importantes que os outros. Um dia vamos descobrir que tudo que é útil é importante, mas nem tudo que é importante tem alguma utilidade. Acho importante começar este texto falando um pouco sobre o que penso, especialmente porque iremos tratar aqui de sistemas de gestão.

É ruim ver que por toda parte as empresas seguem tentando buscar melhorias em seu processo, mas que esse desejo esbarra na forma complicada como algumas pessoas tratam alguns assuntos. Na verdade, parecem querer gerar complexidade e, a partir daí, mais necessidades. Se não bastasse isso, pouco ou nada conseguem mudar. Quando falamos da prevenção de acidentes, não mudar a realidade quer dizer permitir que muitas pessoas sigam adoecendo, sendo mutiladas ou mortas enquanto trabalham.

Por trás dessas situações seguem muitos profissionais que, pela pouca ou má formação que têm, ficam deslumbrados com a possibilidade de milagres que alguns insistem em oferecer. Não há milagres. O que existe é apenas a possibilidade de organizar as coisas e, assim, fazer com que ganhem tratamento mais consistente e coerente. Consequentemente, as boas práticas tornam-se as mais praticadas.

Não complique

Hoje vemos por aí gente complicando o que é simples. Para mim, está claro que um bom sistema de gestão é aquele feito por quem domina a prática e que apenas precisa aprender como torná-la mais "organizada".

Vamos discutir, ponto a ponto, os chamados "elementos" de um sistema de gestão – que eu diria que podemos chamar de "partes" que formarão um todo que, por sua vez, é o que permitirá que tenhamos uma visão mais completa sobre como tratar determinado assunto.

Obviamente, estes elementos podem ter, nesta ou naquela norma, este ou aquele nome, mas não se importe com isso; tente apenas entender a ideia em si.

Via de regra, os sistemas de gestão são compostos de, pelo menos, as seguintes partes:

- Política.
- Organização.
- Planejamento.
- Procedimentos.
- Avaliação.

Não sabemos se essa é a forma definitiva de gerenciar algum assunto – com certeza no futuro logo virão outros "elementos" –, mas, até aqui, tem sido essa a forma mais completa. Se olharmos bem de perto, com certeza veremos que se trata de algo muito simples.

Quando falamos de política, estamos falando de estratégia, ou seja, da maneira como tratamos alguma coisa. É claro que se não há uma direção, um norte a ser seguido, dificilmente conseguimos evoluir coletivamente. Assim, a política deve ser o norte dado pela direção da empresa em relação a determinado assunto. Definida a política, ela deve ser divulgada a todos, de modo que passe a ser "regra mestra" para aquele assunto.

Quando falamos em organização, tratamos da estrutura para fazer com que a política seja cumprida, isto é, os recursos, sejam estes materiais, humanos etc., para que aquilo que foi definido ganhem forma e força dentro da organização. Falamos, então, da atribuição de responsabilidades formalmente e com clareza.

SISTEMA DE GESTÃO
Tópicos importantes

Elementos	Define
Política	O quê
Organização	O quê Quem
Planejamento	O quê Quem Quando
Procedimentos	O quê Quem Como
Avaliação	A medida da eficácia da atuação

Fonte: elaborado pelo autor.

Quando falamos de planejamento, estamos nos referindo aos programas de atuação, ou seja, "o que" faremos para cumprir e "quando" cumpriremos a política com a organização que temos. Em uma política de gestão, é necessário que seja definido o que será feito, por quem será feito, quando será feito e também as metas a serem atingidas. Para que todos entendam melhor o objetivo, e aonde se deseja chegar, a "meta" é uma etapa intermediária.

Quando falamos de procedimentos, estamos nos referindo aos métodos, ou seja, à forma como faremos.

Por fim, quando falamos de avaliação, estamos nos referindo às medições, à mensuração que trabalharemos para saber o quanto estamos cumprindo daquilo que planejamos, onde podemos e devemos melhorar etc.

Indo um pouco mais além, pergunta-se:

- Todas as pessoas da organização sabem como encarar o assunto prevenção?
- Todas as pessoas da organização sabem qual é o seu papel no que diz respeito a prevenção?
- Para todos os assuntos importantes da prevenção existe um programa com ações bem definidas e responsabilidades bem claras?

- Existem procedimentos claros sobre quais são as ações corretas para a realização de tarefas?
- Tudo que é planejado tem alguma forma de mensuração para que se saiba o quanto se está evoluindo?

Jamais esqueça que organizar não é sinônimo de "engessar" e que prevenção boa é aquela que realmente pode ser feita.

Treinamento para quem?

Conscientização sobre a Segurança do Trabalho não deve ser restrita ao chão de fábrica

Um dos melhores momentos na atuação como consultor na área de Prevenção de Acidentes é quando encontramos aquele cliente que vai logo dizendo que deseja se livrar dos problemas da Segurança do Trabalho.

Agora, depois que a vida nos ensinou uma porção de coisas, que o dia a dia nos fez mais tolerantes e compreensivos, acabamos entendendo que não estamos diante de uma pessoa má – como pensávamos tão simploriamente quando éramos mais jovens –, mas apenas de uma pessoa que certamente ainda não teve tempo para refletir sobre o verdadeiro significado da prevenção.

Na verdade, essa pessoa, na sua ótica, tem lá suas razões. São anos e mais anos pagando caro por porções de papéis, dias e mais dias cumprindo normas que não entende. É cega para o assunto e reage como quem está apenas cumprindo uma obrigação e não se interessa pelo assunto. Muitas vezes, o que impede que isso mude é a nossa crueldade de especialistas.

Começa por nossa imaginação de que todas as pessoas sabem todas as coisas. Depois passa pela ideia de que todo empresário ou chefe é mau e deseja explorar os trabalhadores – as pessoas podem até ir um pouco além, mas, com certeza, não desejam conscientemente adoecer, ferir ou matar pessoas. É interessante como repetimos o velho bordão da educação para a prevenção, mas equivocadamente, achamos que isso se aplica apenas aos trabalhadores.

Creio que apenas em nossa imaginação todos aqueles que têm seu próprio negócio ou mesmo aqueles que são chefes receberam informações e treinamentos quanto à prevenção – só mesmo na nossa imaginação, pois na realidade é provável que exista mais informação sobre prevenção de acidentes no chão de fábrica que nos escritórios e salas da direção.

A prevenção chega às pessoas como coisa de política, como problema de sindicato e como lei a ser cumprida. Muitas e muitas vezes na minha vida e carreira vi donos de empresa e chefes chorando e desolados diante de um acidente, porque só naquele momento entenderam o que estava ocorrendo.

Uma pergunta que ajuda muito a melhorar as coisas é: quem é aquela pessoa que está ali como chefe? Distante do papel ao qual a pessoa se propõe, e mais distante ainda da imagem que definimos para ela, certamente vamos encontrar respostas e questões interessantes, entre elas que "chefes não são deuses".

Tudo bem que boa parte age de forma a nos levar a pensar que sabem tudo – mas creiam que, se, de fato, soubessem, não seriam grosseiros como algumas são e menos ainda deixariam de lado a saúde e a segurança daqueles que mantêm sua posição e *status*. Chefe, na concepção da palavra, tem noção do que significa um acidente na sua linha de produção. Chefe moderno sabe o quanto as faltas e os afastamentos impactam a gestão dos negócios e tem consciência do quanto um ambiente seguro e saudável contribui para que o produto seja melhor.

Então, o que ocorre, na verdade, é que ele, de fato, não sabe e, como acha que fica feio assumir isso, se indispõe com a segurança, dá murro na mesa, ironiza a prevenção, tudo isso apenas para encobrir seu desconhecimento sobre o assunto. Parece grave, mas existe cura.

Cura

E a cura dele começa com a nossa quando deixamos de lado a "suposicionite aguda" que nos leva a crer que:

- ele é chefe = sabe tudo;
- ele ganha bem = sabe tudo; e
- ele estudou = sabe tudo.

Achar que educamos o trabalhador é fácil. Enchemos salas com pessoas, mostramos a elas gente sem dedo, sem olho – se tiver imagem de criança com cara de órfão, é melhor ainda. Elas passam a ter medo e por algum tempo farão o que desejamos.

Nada disso podemos fazer com os chefes. E agora? A grande reflexão disso tudo é que não temos sido bem-sucedidos em mudança de comportamento e o que vemos por aí hoje, sendo tratado como o que há de mais moderno, não passa de programas de inspeção bem enfeitados, nos quais trabalhamos a partir do erro já encontrado. O que há de novo nisso?

Vivo me perguntando onde estão as empresas com programas de treinamento e conscientização para a prevenção. Quais dessas organizações dedicam tempos e recursos a verificar conhecimento de prevenção já nos processos de admissão e rejeitam já ali candidatos inaptos ou desconhecedores do assunto, ou, então, providenciam para que eles tenham treinamento suficiente para que, só assim, assumam seu posto de trabalho? Os mais afoitos dirão: "Fazemos integração." E desde quando integração serve para isso?

O que vemos por aí nos assusta. Basta analisar a carga horária dos treinamentos destinados à qualidade, por exemplo. Não precisa ser muito esperto para notar que, para a prevenção, se cumpre tabela e nada mais que isso. Vá um pouco mais além, verifique os treinamentos para a prevenção planejados para a chefia e compare com o planejamento para os demais trabalhadores. É interessante como isso faz com que boa parte das organizações gaste muito dinheiro sem qualquer retorno porque, via de regra, todos os treinamentos são feitos apenas para os comandados que, quase sempre, dizem assim: "meu chefe precisava participar de alguma coisa assim". Gasta-se para treinar o trabalhador, criam-se expectativas, mas logo se nota que nada acontece, pois as chefias seguirão sem mudanças.

Existe o paradigma de que chefe não precisa ser treinado ou, pior ainda, de que ele não tem tempo para estar em uma sala de aula. Pena que seja assim, pois um só acidente causado pela ação ou omissão desse mesmo chefe vai consumir muito mais tempo que um treinamento e, com certeza, muito mais dinheiro. Lembremos que pessoas são pessoas, quer vistam ternos ou macacões, quer trabalhem na frente de um computador ou tenham nas mãos uma vassoura.

Decisão estratégica

O bom ou mau uso da lista de verificação é determinante no sucesso de uma operação

Antes de qualquer coisa, é preciso traduzir. Embora estejamos no Brasil, é provável que alguém não saiba que lista de verificação é o nome correto para aquilo que muitos chamam de *checklist*.

As listas de verificação são meios importantes para a prevenção de acidentes. No entanto, há necessidade de um entendimento melhor de seu uso para que não se torne mais uma formalidade sem real utilidade. Hoje vemos por toda parte listas de verificação copiadas e simplesmente adotadas como se isso fosse alguma coisa boa, quando, na verdade, pode induzir falsa sensação de segurança e levar à ocorrência de acidentes muito graves.

Primeiro precisamos entender quais utilizações podem ter as listas de verificação. Elas podem ser guias para liberação de serviços em gestões compartilhadas nas quais há a presença do executante e do especialista em Segurança e Saúde no Trabalho (SST). Também podem ser adotadas como meios para autogestão em situações menos complexas, nas quais o especialista faz menos acompanhamento. Assim, podemos ter o uso de listas de verificação para liberação de um trabalho em espaços confinados como meio de apoio para que nenhum item seja esquecido. Também podemos tê-la para que um trabalhador de escritório faça por si mesmo o controle de seu ambiente de trabalho. Tudo isso será definido em um amplo programa de reconhecimento e, a partir daí, na decisão de gestão.

Particularidades

Nem todas as listas de verificação são iguais, nem podem ser. Boa parte delas só deve ser posta em uso após o treinamento dos responsáveis pela verificação, e isso é algo que me preocupa, pois tenho visto listas entregues sem qualquer cuidado. Sem que se observe quanto de subjetividade há em algumas delas e, no caso de segurança, qualquer coisa subjetiva representa muitos problemas. Há listas que nada mais são do que uma coleção de perguntas cujas respostas dependem da interpretação do usuário, o que abre um leque de possibilidades para erros e falhas.

Perguntas como "o andaime está seguro?" vão depender do conceito do que é segurança para cada pessoa. Na maioria das vezes elas entendem que aquilo que fazem é seguro e bom, e estamos falando de um item que mata. Encontramos muitas listas de verificação de acordo com o critério de cada um.

Se a lista de verificação diz respeito a coisas menos complexas e se as pessoas envolvidas foram treinadas para o programa no qual receberam parâmetros, não teremos muitos problemas. Até mesmo as consequências não serão tão grandes. No entanto, se estamos falando de situações em que a lista é decisiva como parte do processo de prevenção, então, é preciso que esta integre um sistema mais amplo que envolva treinamentos e reciclagens para a execução, acompanhamentos nas primeiras atividades e, sempre que possível, alguma espécie de guia que pode ser muito útil se estiver na própria lista de verificação.

A guia não é algo complicado. Ela garante que certos padrões técnicos sejam seguidos e que, pelo menos, um conjunto de condições mínimas seja observado.

Outro ponto importante é que tenha campos para a clara identificação da pessoa responsável por sua realização, para a menção do procedimento ou outro documento de referência que serviu como base, para datas e horários, não deixando dúvidas quanto a sua execução. Isso será feito de acordo com a realidade de cada local de trabalho, levando em conta, por exemplo, se existem trabalhos em turnos e há necessidade de verificação antes de cada turno, assim também deverá haver espaços para que mais de uma pessoa registre os dados em um único formulário. Dessa forma, serão bastante minimizados os riscos de interpretação de quem realiza as verificações, que, parte das vezes, é aquele que autoriza o início do trabalho.

Responsável pela verificação	Data	Horário	Assinatura

Fonte: elaborado pelo autor.

Plan, Do, Check, Act (PDCA)	Fluxo	Etapa
P	1	Identificação do problema
	2	Observação
	3	Análise
	4	Plano de ação
D	5	Execução
C	6	Verificação
A	7	Adequação
	8	Evolução

Fonte: elaborado pelo autor.

Fica claro que o *Plan, Do, Check, Act* (PDCA) é uma ótima ferramenta para nossa área desde que compreendido e assimilado de maneira completa. No entanto, se for para fazer por fazer, pouco ou nada melhora a vida do profissional ou agrega valor à organização. Nem toda novidade é ruim, mas tudo que é feito por fazer é sempre péssimo.

A prevenção que emburrece

O Serviço Especializado em Engenharia de Segurança e Medicina do Trabalho (SESMT) está distante dos locais de trabalho e limitado a apenas analisar documentos

Emburrecer é uma palavra que não surge muito facilmente na boca das pessoas. Não é bonita, não é tendência da moda, da gestão e menos ainda consta em qualquer um dos tantos eventos da mesmice que vemos ocorrer por aí. Para falar a verdade, nem mesmo é muito bom escrever sobre isso, mas com certeza é preciso, não só como tentativa de chamar a atenção para algumas coisas que vêm ocorrendo em nossa área, mas também pela possibilidade de alertar as pessoas para que saibam que aquilo que chamam de "prevenção de acidentes" não tem muito a ver com isso.

Infelizmente, nossa área está, de fato, emburrecendo – e, se a palavra não agrada, poderia se dizer que está ficando opaca ou perdendo o brilho – ou, talvez, tecnicamente falando, estejamos regredindo. Hoje em dia, o que chamam de Segurança do Trabalho é uma área que se esconde atrás de um monte de papéis, que atua de forma isolada como se não fizesse parte das organizações e como se nada tivesse a ver com os problemas e necessidades das demais áreas. Parece que há mais preocupação em receber e guardar papéis que possam ser mostrados, no caso de um acidente, que de fato atuar para que ele não ocorra.

Boa parte do Serviço Especializado em Engenharia de Segurança e Medicina do Trabalho (SESMT) está totalmente distante dos locais onde os trabalhos ocorrem, e nossa atuação técnica, em boa parte do tempo, se resume a analisar documentos. Aquilo que pode parecer normal para muita gente não é. Houve um tempo que o técnico de segurança sabia técnicas de prevenção e, assim, aplicava seus conhecimentos para que as coisas acontecessem, não para que fossem impedidas. Houve um tempo – e ainda há por aí alguns profissionais que trabalham dessa forma – em que o atuante em Segurança do Trabalho auxiliava, com seu conhecimento para que as coisas fossem feitas, orientando quanto à montagem de um andaime, dando caminhos para a construção de uma proteção coletiva, agindo na reorientação das equipes. Enfim, atuando como técnico na forma mais plena da sua atuação.

Perdidos

Hoje isso é uma raridade e, pouco a pouco, o conhecimento prevencionista vai se perdendo. O profissional que sabe fazer vai dando lugar ao sujeito que sabe apenas pôr defeito no trabalho alheio e acha que isso agrega algum tipo de valor. Vai deixando de existir o profissional que conhece a gestão da prevenção porque conhece o assunto, e vamos tendo cada vez mais aqueles que atuam apenas comparando modelos de documentos, pois são incapazes de enxergar o objetivo ou mesmo a finalidade de uma norma ou programa. Assim, se o programa que você fez não for igualzinho ao modelo que ele tem na gaveta, ele devolve sem ao menos notar que uma área técnica não se faz com cópias, mas sim atendendo a requisitos.

Ando muito preocupado com isso porque em boa parte das vezes esse tipo de atuação custa caro e não resolve o assunto. Ando preocupado também porque se exige muito, as mortes continuam ocorrendo e o trabalhador é visto como "culpado" como sempre foi. Ando preocupado porque isso tem feito com que as organizações e as pessoas, a cada dia que passa, entendam menos o que é prevenção. Elas acham que não é nada mais do que preencher formulários, sem se preocuparem em compreender para o que estes últimos servem, e pensando que o fato de os papéis estarem em dia significa que qualquer coisa pode ser feita.

Coragem

A prevenção que emburrece é esta que deixa de ser técnica para ser simplesmente papel, não levando em conta que estamos em um país onde a necessidade de o especialista participar dentro do processo é fundamental para que as coisas ocorram. A prevenção que emburrece esquece que o papel nada mais é que evidência objetiva de uma prática. Na verdade, esta e a experiência nos mostram que, na maioria das vezes, isso pouco ou nada tem a ver com a realidade.

Precisamos urgentemente falar mais sobre isso, ter coragem para rever a forma de atuação e agir para que a prevenção não deixe de ser uma técnica ampla e com conhecimento próprio. Do jeito que vamos indo, em pouco tempo não teremos mais especialistas em Segurança do Trabalho capazes de atuar em soluções, e sim apenas na verificação dos documentos. Isso é ruim para todos os segmentos da sociedade. Pode custar muitas vidas. A prevenção que emburrece leva com ela décadas de conhecimentos importantes e essenciais para a preservação da vida e saúde das pessoas.

Qual é seu tipo?

Empresas devem atentar para a forma de atuação do seu Serviço Especializado em Engenharia de Segurança e Medicina do Trabalho

Embora não exista norma ou pesquisa oficial sobre o assunto, podemos dizer com tranquilidade que existem, pelo menos, cinco tipos de Serviço Especializado em Engenharia de Segurança e Medicina do Trabalho (SESMT). Com certeza, esses diferentes tipos têm muito a ver com o sucesso que as equipes e os profissionais da área alcançam dentro da organização. É uma pena que, boa parte das vezes, poucos levem isso em consideração.

O primeiro tipo de SESMT é aquele que nada sabe sobre o que acontece, porque o profissional responsável ouviu dizer, em algum momento ou em algum lugar, que segurança e saúde são problemas da produção, e que ele está ali apenas para fazer a gestão. Geralmente, adora gerar papel e, mais ainda, adora colocar defeito nos papéis que recebe. Acha que assim está contribuindo para alguma coisa, quando, na verdade, há muito deixou de ser necessário ao sistema e está ali porque a legislação obriga.

O segundo tipo de SESMT é aquele que fica surpreso quando alguma coisa acontece. Depois de um acidente, o responsável vai para as reuniões como se fosse apenas mais um dos muitos que devem cobrar resultados dos outros. Pouco ou nada conhece da área onde os trabalhos ocorrem e pouco ou nada monitora nas práticas de segurança do dia a dia. Está ali por estar, para dizer que existe um SESMT e nada mais.

O terceiro tipo de SESMT é aquele que só observa o que acontece – sabe de tudo, conhece tudo, se mete em tudo – mas não ajuda em nada. O tempo todo transfere responsabilidades e gera mais problemas que soluções. Age como se fosse um policial do serviço secreto da prevenção; não se indispõe, não se expõe, enfim, apenas olha e nada mais.

O quarto tipo de SESMT é aquele que acha que faz alguma coisa acontecer. Geralmente, tem membros cheios de jargões e chavões prevencionistas, que correm de um lado para outro, começam um assunto e não acabam, abrem mil frentes de trabalho e esquecem de concluir uma que seja. Atuam com foco mais no emocional que no racional. São vistos como trabalhadores esforçados, mas, via de regra, também como grandes chatos porque atuam pouco em planejamento e esclarecimento. Seguem achando que são os donos do assunto.

O quinto tipo de SESMT é aquele que faz acontecer. Dinâmico e inteligente, atua na direção das soluções, deixando de lado a insistência dos problemas. Prepara e planeja a segurança para que os outros façam, mas não deixa de agir, com a consciência de que as coisas não mudam apenas por decreto. Apoia as demais áreas porque sabe que o que interessa para a organização são os resultados finais e não a competição e a discussão interna. Treina e prepara pessoas, assim como abre caminhos e define métodos para que elas possam pôr em prática o que aprenderam. Atua com maturidade porque entende que aquilo que faz é necessário e não apenas obrigatório. Preocupa-se com os custos das propostas porque faz parte da direção do negócio e sabe que esse cuidado é essencial para a sua realização; busca alternativas e as propõe.

Reconhecimento

Quando olhamos a distância, todos os tipos de SESMT podem ser muito parecidos. Olhando mais de perto vemos que, na verdade, boa parte deles mistura um tipo de um com o do outro. Se prestarmos atenção, veremos que boa parte dos problemas que nossa área tem, começam dentro dos SESMTs dos quatro primeiros tipos. Mudar isso, às vezes, é mais difícil que mudar as demais áreas e pessoas.

Com certeza fica óbvio que, se desejamos que nossa área seja melhor reconhecida e que nossas profissões tenham o mesmo tratamento, precisamos trabalhar muito para que essas coisas mudem.

A grande mudança começa em nós mesmos.

Filosofia de vida

Treinar para a prevenção é comprometer-se com a existência

Entre os grandes dilemas comuns a muitas áreas da vida humana, ensinar talvez seja um dos mais complexos e isso passa ou começa, parte das vezes, pelo desencontro de interesses. De forma alguma quero dizer com isso que exista, na maioria das pessoas, ausência de desejo ou vontade de aprender, mas, com certeza, é fácil constatar que o problema está na forma como tentamos ensinar algumas coisas às pessoas.

Quantas e quantas vezes na vida ouvimos dizer que escolas são chatas, que sala de aula dá sono e que boa parte das pessoas estuda mesmo é para passar de ano e, assim, deixa de lado o prazer e a possibilidade de transformar parte de sua vida por meio do conhecimento? Olhando nossa área de trabalho encontramos muito dessa realidade.

A prevenção, sem sombra de dúvida, é algo importante, interessante e, muito especialmente, é algo que deveria ter ligação direta com o instinto de sobrevivência humana. Partindo desse princípio, conhecer e aprender as práticas da prevenção deveria ser algo que despertasse a atenção e o interesse da grande maioria das pessoas. Infelizmente, isso não é uma realidade e pouca gente se dá conta e tenta entender o porquê desse desencontro entre a necessidade e a falta de intenção das pessoas.

Razões

Acho que parte disso tem razões que podem ser facilmente constatadas. A primeira delas é a forma como tentamos fazer com que os trabalhadores aprendam. Boa parte dos locais de trabalho tenta transmitir a prevenção apenas como conjunto de normas e regras. Jamais como uma filosofia ou forma de viver que possa ser assimilada, compreendida e praticada. Trabalhamos na direção do proibir, do tornar a prevenção algo penoso e desagradável em vez de conectarmos a prevenção a uma forma de viver e enxergar coisas.

A segunda delas diz respeito ao modo como fazemos isso. Os treinamentos e eventos de nossa área geralmente são chatos, via de regra, repetitivos e pouco atraentes, e, parte das vezes, planejados com a intenção de coletar assinaturas visando à isenção de responsabilidades.

Isso tem se tornado cada vez mais nítido para os trabalhadores e alguns deles manifestam essa percepção em suas organizações. Quanto ao formato desses treinamentos, vemos ainda em uso modelos que eram aplicados há 20 ou 25 anos, quando ainda estávamos começando na área. Isso certamente já perdeu o sentido, uma vez que o trabalhador de hoje vive em outro ambiente e tem interesse por outra forma de comunicação.

Direção

A prevenção é algo diferente. Sua abrangência, importância e implicação na vida das pessoas estão muito além de boa parte das demais coisas que integram a vida profissional. Atuar para que todos caminhem na direção da prevenção é muito mais amplo que ensinar uma pessoa a operar uma máquina ou utilizar um equipamento. Tem a ver com valores, com a forma de ver a vida e com a maneira de perceber a importância de alguns detalhes.

Ensinar prevenção passa pela análise da dose de informações, seja em seu conteúdo, levando em consideração o público, sua realidade e capacidade de assimilação, seja na quantidade de tempo despendido em torno do assunto. Deve-se levar em conta que, além dos fatores citados anteriormente, o cansaço e a dispersão são inimigos do aprendizado e que cumprir formalidades é um grande adversário para a mudança de cultura.

Não considerar esses fatores significa gastar muito dinheiro e obter pouco resultado. Assim como nos eventos dos acidentes, em que se costuma culpar o trabalhador desconhecendo-se muitos fatores, também nesses casos se afirma que o trabalhador é um desinteressado, como se fosse possível afirmar de forma tão fácil que pessoas não têm interesse por sua preservação e vida. Por que julgar apenas os trabalhadores, deixando sempre de lado a análise crítica de nossas ações?

Compromisso

Não é preciso ir muito longe para encontrar organizações com processos de integração exaustivos e com quantidade de informações que visam mais ao desencargo de responsabilidades que a qualquer outra coisa. Por outro lado, não é raro sabermos de empresas que tratam assuntos como trabalho em altura com "treinamentos" – se é que podemos chamar isso de treinamento – de uma ou duas horas, achando que isso muda algo na forma de ver do trabalhador. Na verdade, com duas horas muitas vezes nem mesmo conseguimos fazer uma boa palestra.

Prevenção é um conceito de vida, uma forma de ver as coisas, um *plus* a ser acrescido à inteligência e ao instinto. Treinar pessoas para isso é acender as luzes da responsabilidade para com a própria vida. É buscar dentro das pessoas e pôr em funcionamento o compromisso mais amplo com a existência.

Pensando bem, treinar pessoas para a prevenção é também uma filosofia de vida. Sem isso, fica difícil demais.

Uma ótima experiência

Concentrar foco e esforços naquilo que pode causar dano maior pode ser um bom caminho

Por conta da atuação como consultor, que me faz todas as semanas ter contato com alguma experiência nova de nossa área, e também pelas mensagens que leio todos os dias do Grupo Serviço Especializado em Engenharia de Segurança e Medicina do Trabalho (SESMT), quase sempre tomo conhecimento de alguma novidade do setor. Pena que boa parte delas nada mais é que coisa velha vestida de jeito novo. Mudam as frases, as faixas, os cartazes e até mesmo as palavras, mas o velho sentido da prevenção baseada em coisas que não funcionam segue por aí custando muito dinheiro e, muitas vezes, dando poucos resultados.

Contudo, dia desses tive uma grata surpresa: pude ver de perto um trabalho que, embora ainda esteja no começo, me parece ser uma experiência bastante lúcida em meio a tudo que vejo por aí. No Rio de Janeiro, pude conhecer um programa feito pelo SESMT de uma grande empresa, as "Regras Cardinais de Segurança e Saúde". Tenho dito, ao longo do tempo, que me assustam esses programas, cheios de complexidade e enfeite, perfeitos do ponto de vista teórico, mas que, na prática, pouco ou nada fazem pela prevenção. São ótimos para servir como recheio de reuniões e eventos, porém, raramente, são compreendidos pelos principais afetados pela falta de segurança e saúde no local de trabalho.

O modelo ideal para nossa realidade, nosso país e nosso povo é aquele que tem poucas premissas. Portanto, passa a ser praticado por um número maior de pessoas. Na prática, isso significa que se 5 ou 10 regras forem cumpridas por 100 pessoas, teremos muito mais resultados do que 50 regras que poucos conhecem ou cumprem.

As "Regras Cardinais de Segurança e Saúde", quando violadas, têm o grande potencial de proporcionar uma lesão grave ou até mesmo uma fatalidade. Podemos entender como critério, priorização, o trabalho com foco na realidade de evitar o que pode ser pior ou mais grave posteriormente. A ideia segue o princípio de reforçar o conhecimento e a disciplina para que, pelo menos, as Regras Cardinais sejam cumpridas, necessitando de concentração de esforços e foco naquilo que pode causar danos maiores.

Boa parte das equipes de SESMT do Brasil não consegue ao menos dar conta das coisas básicas da área e sai por aí inventando coisas e mais coisas. Dessa maneira, não faz nem aquilo que poderia evitar os maiores problemas, os maiores agravos.

Simplicidade

As Regras Cardinais são quatro: Proteção contra Quedas, Bloqueio de Energia, Espaço Confinado e Carga Suspensa. Aí está baseada a força do treinamento e da supervisão. Isso é bom para os trabalhadores especialmente porque parte deles não tem como absorver grande quantidade de informações, sendo levados ao entendimento mais claro daquilo que, de fato, pode causar prejuízos maiores e mais complexos. Isso também é muito bom para as lideranças de campo, que vêm ao longo dos anos atuando sem muito preparo para as questões de Segurança e Saúde no Trabalho e de uma hora para outra recebem quantidade imensa de atribuições. Com certeza não cumprirão porque não são compreendidas, mas, com as Regras Cardinais, assimilam e cumprem de maneira mais fácil porque são assuntos sobre os quais a própria experiência profissional favorece a percepção. Sempre veremos com bons olhos a simplicidade como modo de prevenir. Um bom produto é aquele feito para uso do cliente, algo de que ele goste, entenda a utilidade e, especialmente, saiba usar.

Para nós, que cuidamos do assunto, pode parecer bastante interessante um trabalho mais complexo. Entretanto, de uma vez por todas, precisamos entender que nos cabe construir ferramentas e definir programas para que os outros cumpram. O sucesso de um bom profissional começa assim, compreendendo seu público, suas limitações, suas necessidades etc. Iniciativas como essa demonstram que começamos, finalmente, a ter programas de prevenção com a nossa cara, e estamos desenhando uma segurança mais adequada ao nosso jeito e à nossa realidade.

Obviamente tudo vai depender de como esse programa será conduzido, se vai haver equilíbrio no treinamento das pessoas de acordo com seu grau de envolvimento, se as respostas aos desvios serão tratadas de acordo com a gravidade, visto que estão na própria definição de Regras Cardinais. É um bom exemplo a ser seguido, usando critério de escolha em relação aos poucos críticos, compatibilidade com o público, facilidade de assimilação e foco naquilo que pode ter efeitos mais graves.

Visão mais ampla

Conhecimento e experiência são essenciais na hora de apontar os erros

Sou do tempo que o bom profissional de segurança era aquele que atuava como se fosse uma babá dos trabalhadores.

Ainda hoje, por toda parte ouvimos histórias de colegas que atuavam, e alguns ainda atuam, escondidos atrás das colunas do prédio tentando surpreender os demais trabalhadores sem Equipamento de Proteção Individual (EPI) ou cometendo alguma falha, para poderem, então, emitir um relatório. Isso em alguns casos, após apitarem como se fossem um juiz de futebol que acabou de flagrar uma falta. E isso tudo até parecia normal, porque era dessa forma que nos ensinavam, era esse o modelo da prevenção: sempre levando em conta que, se o trabalhador era o culpado de todos os males, ao tomar conta dele todos os problemas seriam evitados.

Para muitos, isso pode parecer coisa do passado. Infelizmente, a realidade mostra que ainda temos muito disso em nossa área. O pior é que essa situação causa boa parte dos problemas que hoje enfrentamos, já que esse tipo de atuação, além de expor o profissional, não assegura qualquer mudança na visão da prevenção por parte dos demais envolvidos. Além disso, quando feito de forma isolada e sem ser parte de um programa mais amplo, acaba desvalorizando o próprio profissional. Este acaba sendo visto como um "tomador de conta" em vez de alguém capaz de planejar, executar e gerenciar informações.

Simplificando, é preciso dizer que ninguém precisa ter formação técnica para apenas apontar algo que esteja errado. Espera-se que um profissional tenha conhecimento e, melhor ainda, bagagem, para saber propor o que precisa ser feito e para que o erro seja corrigido, definindo meios para que ele seja evitado dali em diante. Para um leigo, uma falha nada mais é que um erro. Já para um profissional especializado, uma falha é uma oportunidade para estabelecer ou melhorar alguma forma de controle.

Para ser ainda mais simples, digo que conhecer e saber ler uma norma não quer dizer capacidade técnica. Para ter atuação técnica, é preciso interpretá-la, e mais que isso: ter a capacidade de transformar os itens da norma e aplicá-los em práticas de gerenciamento. Isso, de tal forma que seja possível aos demais setores e trabalhadores cumprir a norma por meio de programas, procedimentos e outras práticas definidas pelo especialista no assunto.

Se antigamente a inspeção de segurança era o ponto forte que tomava quase todo o tempo do profissional da prevenção, hoje ela é parte da atuação que deve servir para retroalimentar um sistema, seja de que complexidade for o assunto. E ainda os resultados das inspeções não devem servir apenas para indicar erros e pessoas, mas precisam contribuir como dados para alimentar um diagnóstico constante da evolução do trabalho que vem sendo feito. Qualquer trabalho na área de prevenção deve ter suas bases e ser efetuado a partir delas. Hoje, o profissional deve definir como deve ser feito, treinar pessoas para que o façam e verificar o grau de cumprimento.

Outro entendimento que precisa ser revisto diz respeito ao ponto de envolvimento do profissional nos problemas. Antigamente, a simples ação de apontar um problema parecia ser suficiente. Atualmente, é preciso analisar onde há falhas dentro do sistema e agir em todos os segmentos, buscando soluções mais duradouras e menos pontuais, ou seja, a visão deve ser mais ampla, deve-se buscar o caminho entre o problema e o ponto onde ele efetivamente é gerado, atuar de forma construtiva e definitiva.

Hoje, vemos muitos de nossos colegas assumindo cargos de gestores, mas não atuando como tal. Isso ocorre porque eles não têm ainda a visão mais ampla. Para ser um bom gestor talvez seja preciso percorrer um pouco de cada etapa da história de nossa profissão, ser um pouco inspetor (atuando na identificação dos problemas), ser também um pouco supervisor (tendo a **supervisão**, a visão mais ampla dos problemas, suas causas e soluções) e ser bastante técnico (atuando de forma inteligente e aplicando conhecimento na solução dos problemas).

Parece difícil, mas não é. Com certeza, é a sobrevivência.

Voltando às origens

Empresas devem conciliar novidades com antigos métodos

Uma coisa é certa: nem tudo que é mudança quer dizer evolução, e, levando isso em conta, é preciso entender que nem sempre algo novo é necessariamente melhor que algo que entendemos ser velho. Digo isso porque hoje vejo nossa área de trabalho ser literalmente invadida por uma série de novidades que parecem melhorar e facilitar o dia a dia dos profissionais e também das organizações. Nada contra facilidades, mas sempre recomendamos grande cuidado no intuito de analisar com atenção se o novo não tira a essência necessária das coisas.

Há algumas bases em Segurança e Saúde no Trabalho (SST) que, com certeza, permanecerão por muito tempo válidas e, na minha forma de ver, são essenciais para que qualquer programa mínimo de SST tenha validade e consistência. Entre elas, com certeza, estão a inspeção de segurança e a investigação e análise de acidentes.

Hoje em dia vemos diversas facilidades que podem ajudar muito para que as inspeções de segurança sejam realizadas. Andando por aí vejo isso todos os dias, encontrando organizações que trocaram as folhas de papel por gravadores portáteis, o que facilita muito a atividade e otimiza o tempo. Há também sofisticados programas de computador que conciliam dados, encaminham informações e realizam parte da gestão do assunto.

Tudo isso é muito bem-vindo e até mesmo enche os olhos dos menos experientes, mas parece que nos esquecemos de evoluir de forma mais completa quando, por exemplo, simplesmente transferimos algumas inspeções para setores ou pessoas sem ao menos assegurarmos um treinamento mínimo para que esses mesmos setores ou pessoas possam realizar as inspeções com padrão e qualidade. Nesse caso, apesar da qualidade do meio para realizar a ação, esbarramos na falta de qualidade das pessoas. Embora as informações tenham ótima aparência, têm qualidade duvidosa. Sei que em meio a um mundo com tantas facilidades para muitos humanos, isso pode parecer apenas um detalhe ou, quem sabe, um mero ícone em uma tela. Entretanto, sem levarmos em conta que há ação humana no meio do processo e que esta precisa ser trabalhada, podemos comprometer todo o trabalho.

É importante que os profissionais envolvidos no planejamento dessas "novidades" pratiquem ações que conciliem o uso do novo e do velho de forma ajustada, garantindo, assim, o melhor resultado para a organização.

Sobre a investigação e a análise de acidentes, o que temos a dizer não é muito diferente. O mais importante talvez seja lembrar que estamos falando de saúde e vida humana e não de mais mera formalidade a ser cumprida para nos livrarmos de uma obrigação e emitirmos um papel que atenda à necessidade em uma auditoria. O clássico chavão "conhecer as causas para evitar outras" pode ter virado, ao longo dos anos, mais uma daquelas muitas frases de efeito que ouvimos em eventos ou em meio às conversas entre profissionais da área, mas nem por isso perdeu sua verdade. Também para esse caso se aplica a necessidade de preparo das pessoas e, mais ainda, da criação de dispositivos que assegurem que a investigação e a análise não sejam feitas de forma induzida, como ocorre hoje em muitas organizações, inclusive, com o uso de ferramentas de forma totalmente equivocada e distorcida.

De tudo, lembramos que toda área técnica tem suas bases. Desconhecê-las ou desprezá-las é algo perigoso demais.

Além das formalidades

O processo de integrar novos trabalhadores à empresa é parte da gestão de Segurança e Saúde no Trabalho (SST)

Um dos maiores problemas hoje em nossa área é a quantidade de pessoas que atuam nela sem ao menos tentar entender o porquê de boa parte das práticas que realizam ou coordenam. No meio desse universo do "fazer por fazer" ou do "fazer porque também os outros fazem" ficam ocultas práticas que, além de custarem muito tempo, também custam às organizações muito dinheiro e pior que tudo isso: não servem para nada.

Um bom exemplo disso diz respeito ao processo de integração de novos trabalhadores, o qual, em boa parte das organizações, acaba não sendo mais que mera formalidade quando, na verdade, deveria ser um dos mais importantes momentos da gestão para SST.

Hoje vemos que muitas pessoas enxergam integração apenas como aquele "momento de palestra". É preciso entender que a integração na sua forma mais completa começa muito antes: integrar quer dizer, ao pé da letra, a incorporação de um elemento a um conjunto, e isso, para ser pleno, deve ser feito de tal forma que não cause problemas ao elemento, e mais ainda: que não cause problemas ao conjunto. Levando em conta essa premissa, fica fácil entender que o processo de integração é muito mais amplo e que, na verdade, varia de organização para organização e, especialmente, de atividade para atividade. Via de regra, devemos levar em conta alguns critérios como: aptidão do ponto de vista médico, aptidão do ponto de vista da capacitação, qualificação, conhecimento e, por fim, apresentação da organização, sua forma de trabalhar, seus riscos e perigos, bem como seus recursos para controle e minimização de possíveis problemas. Tudo isso pode parecer simples, mas, para ser eficaz, precisa de atuação de profissional especializado.

Informação

Boa parte dos processos de integração começa errado pela falta de visão das pessoas sobre a importância da avaliação médica ocupacional e, na prática, pelo desencontro das informações. Na verdade, se essa etapa for mal realizada, todas as demais poderão ficar comprometidas. Os erros que, via de regra, são atribuídos aos médicos, em muitos casos, começam na Segurança do Trabalho das organizações, que entende que, ao enviar o Programa de Prevenção de Riscos Ambientais (PPRA) para servir como base para a definição dos exames médicos, já fez sua parte – esquecendo que há outras informações de suma importância para que o médico possa definir a grade de exames a serem feitos.

Um exemplo é a diferença entre cargo e função. O primeiro é a posição que uma pessoa ocupa dentro de uma estrutura organizacional; é determinado estrategicamente, ao passo que função é o conjunto de tarefas e responsabilidades que correspondem a esse cargo. Por essa razão, é muito comum encontrarmos em organizações trabalhadores com cargo de auxiliar de limpeza que têm a função de limpar partes altas, portanto, realizam trabalho em alturas sem que se tenha feito qualquer verificação ou definida aptidão ou não em termos de Saúde Ocupacional. Para evitar isso, é importante que os gestores de Segurança do Trabalho reconheçam de forma ampla os riscos e informem, aos responsáveis pela Medicina do Trabalho, o que, de fato, existe e deve ser avaliado.

Realidade

No que diz respeito a conhecimento, capacitação ou qualificação, a função também deve ser definida com muita clareza, levando-se em conta os aspectos legais e que estes estão claros nas Normas Regulamentadoras, mas não se deve ficar restrito a isso. Se as investigações e análises de acidentes em nosso país fossem mais realistas, com certeza iríamos constatar que boa parte dos acidentes ocorrem tendo como uma das causas determinantes a falta de conhecimento, capacitação ou qualificação para determinada função.

Por fim, é chegado o momento da integração da organização propriamente dita, que deve passar muito longe do que vemos hoje em muitos lugares onde mais se faz uma grande reunião que se dedica verdadeiramente a integrar pessoas.

Em algumas organizações vemos integrações de longa duração, mas raramente há a preocupação de transferir ao trabalhador o que, de fato, interessa.

Em poucos locais de trabalho há integrações de acordo com cargos e funções, prevendo, inclusive, uma parte no local de trabalho onde é possível, de forma mais didática e realista, explicar ao trabalhador os riscos e perigos daquilo que ele fará.

Em Segurança e Medicina do Trabalho não há segredos: há necessidade de se trabalhar com mais qualidade, levando em conta que a vida não pode ser tratada apenas com formalidades.

Tudo, menos segurança

Empresas devem entender que simplesmente cumprir leis não é suficiente

Se dermos uma porção de retalhos de tecido a uma pessoa que não sabe costurar, é muito provável que esses resíduos sejam descartados sem que se transformem em qualquer coisa útil. Do contrário, se essa mesma porção for dada a uma pessoa que saiba o que fazer com ela, é também muito provável que dali surja algum novo objeto. Isso quer dizer, na prática, que os mesmos meios disponibilizados para pessoas com habilidades e capacidades divergentes darão resultado diferente. Pode ser que pareça estranho esse tipo de análise bem aqui onde falamos sobre Segurança e Saúde no Trabalho (SST), mas, creiam, não é.

É preciso mais que depressa fazer com que as pessoas entendam que cumprir leis por si só não é fazer segurança, ou seja, o fato de ter os retalhos na mão não quer dizer que teremos ao final uma toalha ou uma colcha.

O que a legislação determina são requisitos mínimos, ferramentas básicas e nada mais que isso. A proximidade entre o atendimento a esses requisitos ou a implementação pura e simples das ferramentas com algo que possa ser chamado de gestão mínima para a segurança passa pelo uso adequado e pela harmonização correta de tudo o que se tem em mãos. Isso talvez sirva como resposta a todas aquelas pessoas que volta e meia questionam por que as coisas em termos de prevenção não mudam em suas organizações, já que investem tanto, têm um Programa de Prevenção de Riscos Ambientais (PPRA) bem-feito (na maioria das vezes acham que, nesse caso, bonito é sinônimo de perfeito), a Cipa se reúne e até mesmo se gasta uma fortuna em equipamentos de proteção e exames médicos.

Verdade seja dita: em muitas dessas organizações falta mesmo alguém que saiba "harmonizar" todos os esforços na direção de um resultado, alguém que ao menos compreenda para que serve cada um dos requisitos e ferramentas e atue na direção de fazê-los funcionar de forma conjunta e, por consequência, com mais eficácia. Parece simples para algumas pessoas que, mesmo não sendo da área, insistem em ocupar dentro das organizações o papel dos especialistas. "Acham" que segurança e saúde é igualzinho a tudo mais, ou seja, basta fazer um monte de papel e tudo está resolvido. Lógico que, no fundo, devem saber que não é bem assim.

É preciso ficar claro que segurança e prevenção se fazem de forma muito mais ampla e organizada e que, para a infelicidade de muita gente que adora simplificar tudo, não existe um modelo único que se aplique a todas as organizações. E mais ainda: é preciso aliar vivência a conhecimento teórico para que se tenha um bom equilíbrio. Fora disso, seguiremos com muitos papéis e pouca segurança, além, também, dos mesmos problemas.

Antes de encerrar, é preciso que se diga que um bom profissional não é aquele que sabe apenas que uma norma existe e, menos ainda, aquele que sabe ler uma norma pura e simplesmente. Um bom profissional é aquele que sabe interpretar e conciliar a norma com a realidade do local onde será aplicada. Qualquer coisa diferente disso nos oferece verdadeiros elefantes brancos, chamados de sistema de gestão em algumas empresas, em que se faz muito por nada. No final, pela falta de conhecimento, encontra-se o caminho mais fácil como explicação: é tudo culpa do trabalhador!

Sobre procedimentos

Procedimentos, quando bem elaborados e implantados, são muito úteis

Dentro da simplicidade com a qual me proponho a escrever, vou abordar os procedimentos de Segurança e Saúde no Trabalho (SST). O assunto pode parecer simples: basta colocar uma porção de regras em um pedaço de papel e teremos tudo resolvido. É claro que as coisas não são assim.

Para melhor entendimento, vamos situar a questão da emissão de procedimentos dentro de uma lógica de tempo que, a nosso ver, define bem como as coisas foram e são feitas.

Fase 1 – Procedimentos realizados com base na necessidade de formalizar as práticas dentro das organizações e com a preocupação de difundir as informações de SST. Estes foram os primeiros no Brasil, quando a prevenção dava seus primeiros passos. Alguns deles foram tão bem executados tecnicamente que até hoje servem de base para trabalhos atuais.

Fase 2 – Procedimentos realizados pelo medo da responsabilidade civil e criminal surgiram diante do pavor que as organizações e os profissionais tinham da ideia de serem responsabilizados no caso de um acidente. São procedimentos imensos que tentam abarcar todas as possibilidades e descrever – mesmo que parte delas não seja possível cumprir – maneiras de evitar os acidentes, conhecidos no meio profissional como "Procedimentos Chave de Cadeia", visto que se tinha a ideia de que diante de qualquer situação que pudesse ocorrer naquele procedimento haveria pelo menos uma linha que serviria como defesa.

Fase 3 – Procedimentos feitos para atender ao Sistema da Qualidade, uma vez que, na fase inicial da ISO 9000 no Brasil e, pelo próprio modelo de gestão da versão anterior da ISO, era importante documentar o maior número possível de práticas. Mesmo o escopo da Norma não sendo o de prevenção de acidentes, embarcamos na moda e nunca se viu tanto papel dentro das organizações.

Fase 4 – É a fase atual, em que os procedimentos são feitos em consonância com a Occupational Health and Safety Assessment Services (OHSAS) 18001 e, infelizmente, boa parte das vezes, e para alegria de alguns auditores, atendem a cada vírgula da referência. Pouco ou nada servem para a prática da prevenção e, em alguns casos, nem ao menos podem ser cumpridos. São bonitos, bem escritos, mas, do ponto de vista prático, têm pouco valor.

Ideal

Imagino que um dia ainda poderemos escrever sobre a Fase 5, na qual finalmente falaremos sobre procedimentos que sejam escritos para, acima de tudo, fazer com que a prevenção seja padronizada em sua forma prática e possível de ser executada. Para aqueles que como eu desejam que esta fase chegue logo, elencamos algumas sugestões.

Em primeiro lugar, façamos procedimentos em conjunto com os executantes. Sim, um bom procedimento deve retratar a realidade em sua forma segura; deve levar em conta o tempo a ser gasto para ser executado e sua real possibilidade e, acima de tudo, deve conter medidas que sejam compatíveis com os recursos existentes.

Em segundo lugar, procedimentos devem ser divulgados – e essa divulgação, dependendo do caso, não pode ser simplesmente sua disponibilização na intranet ou em algum manual. Muitos procedimentos precisam ser implantados com base em treinamentos e esses últimos, em alguns casos, não podem ser apenas para os executantes, mas, também, para todos os demais envolvidos na atividade. Um pedaço de papel não muda as coisas por si. A ideia que nele está contida deve ser repassada às pessoas para que o procedimento ganhe vida e forma.

Nesse ponto está a maioria dos problemas da falta de adesão das pessoas às normas de segurança, já que boa parte delas desconhece, outra, embora saiba que existe, não entende, e temos ainda aquela parte que, embora saiba da existência e entenda, não compreende a finalidade. Tais barreiras devem ser superadas por ações de informação quanto aos procedimentos. Não existe uma fórmula única para realizar essa atividade, mas o bom senso é de suma importância para que não se torne mais um exagero.

Obstáculos

Procedimentos, quando bem elaborados e bem implantados, são muito úteis a qualquer sistema ao qual se refiram. No entanto, quando feitos apenas por fazer, tornam-se obstáculos que causam o distanciamento das pessoas até mesmo das práticas essenciais.

Conclusão

Hoje, precisamos ir além do que conhecemos ao mesmo tempo que é necessário rever o significado das palavras – já que trabalhamos mais na **proteção** que na **prevenção** propriamente dita. Para que isso ocorra, é importante pensarmos que ao abordarmos o assunto Segurança e Saúde no Trabalho, estamos falando de gente, vida, destinos e sonhos.

Acredito que o futuro reserve os melhores lugares para os profissionais que trabalham em prol da sociedade, compreendendo que as normas e as técnicas nada mais são que instrumentos usados para tornar o trabalho sustentável em relação à vida humana.

Espero que estas simples reflexões iluminem o caminho que nos levará a um mundo melhor, e que isso ocorra com as contribuições – mesmo que pequenas – de cada um de nós.

Impressão: Assahi Gráfica e Editora Ltda.
Rua Lusitânia, 306 – São Bernardo do Campo – São Paulo, SP

*Esta obra foi impressa em papel off-set 75g/m² no miolo,
em papel cartão 250g/m² na capa e
no formato 15cm x 21cm*

Dezembro de 2013